自控原理及计算机控制实验教程

姚 铭 罗锦才 编著

厦门大学出版社

图书在版编目(CIP)数据

自控原理及计算机控制实验教程/姚铭,罗锦才编著.—厦门:厦门大学出版社,2008.8
(高等院校信息技术实验教程丛书)
ISBN 978-7-5615-3067-2

Ⅰ.自…　Ⅱ.①姚…②罗…　Ⅲ.①自动控制理论-高等学校-教材②计算机控制-高等学校-教材　Ⅳ.TP13　TP273

中国版本图书馆CIP数据核字(2008)第121910号

厦门大学出版社出版发行
(地址:厦门大学　邮编:361005)
http://www.xmupress.com
xmup@public.xm.fj.cn
南平市武夷美彩印中心印刷
2008年8月第1版　2008年8月第1次印刷
开本:787×1092　1/16　印张:11.75
字数:296千字　印数:0001～2 000册
定价:18.00元

高等院校信息技术实验教程丛书编委会

序

21世纪，科学技术的发展日新月异，信息化时代的来临使信息科学与技术深入社会生活的各个领域。其发展水平已成为衡量一个国家科技实力的重要标志之一。各国都把培养大量高水平的信息科学人才作为科技发展的重要战略目标。

培养高水平的信息科学人才，应重视学生的工程素质和实践能力的培养，提高学生分析问题解决实际问题的能力，这也是当前社会对毕业生专业技能的要求。各高校通过实验课程、课程设计、毕业设计、毕业实习以及组织各种竞赛来提高学生的实践能力、设计与制作能力。

实验是自然科学的基础，是一切科学创造的源泉。学生在本科阶段存在课程多，学时少，实验、实践锻炼的机会更少的问题。一方面由于扩招引起的指导教师、实验资源不足；另一方面也缺少一批实用、高效的实验教材。在厦门大学出版社的大力支持下，我们组织完成了这套“高等院校信息技术实验教程丛书”的编写工作。参与编写该丛书的作者都是担任相关课程的老师或实验指导老师，该丛书是在相关课程经过多年实验使用的实验讲义的基础上编制而成，收集了较多不同难度的实验项目，供实验课选择。

“高等院校信息技术实验教程丛书”包括《电子技术实验教程》、《电机与电力拖动实验教程》、《可编程控制器(PLC)实验教程》、《自控原理及计算机控制实验教程》、《过程控制实验教程》、《单片机原理与接口技术实验教程》、《电磁场与微波技术实验教程》、《数据库技术实验教程》、《汇编程序设计实验教程》、《数字信号处理(DSP)实验教程》十本实验指导书。

在此，我们向所有支持和参与该丛书出版的单位和同志表示感谢，特别要向李茂青教授、许茹教授在该丛书的编写、出版中做出的指导性工作表示感谢。同时，感谢该丛书中使用的实验设备的生产厂家提供的支持。

由于作者的水平与能力有限，丛书中的不足与问题难免，恳请广大师生批评指正。

高等院校信息技术实验教程丛书编委会

2008年1月于厦门大学海韵园

前　言

自动控制原理是自动化、自动控制、电子技术、电气技术、仪器仪表等专业教学中一门重要的专业基础课。要完成这门课程的教学任务，就应该配备一流的教学实验设备，以指导学生理论联系实际，在实验中加深对自动控制理论的理解。

自动控制理论实验是自动控制理论课的一部分，它的任务是：

1. 通过实验进一步了解和掌握自动控制理论的基本概念，控制系统的分析方法和设计方法。

2. 学习和掌握系统模拟电路的构成和测试技术。

3. 提高在控制系统中应用计算机的能力和水平。

为配合自动控制理论实验课程，本书采用 SAC-ACT 自动控制原理教学实验系统，它打破了以往基于模拟机或某个单一系统对象进行自动控制原理实验的落后方式，把自动控制原理实验与计算机结合起来，创造了以计算机为核心的教学实验系统，结合配套的自动控制原理教学实验软件包，使学生在实验过程中，既能自己设计电路、动手搭接电路，又可通过观察曲线来增加感性认识，若能引导学生自己编制程序进行实验，效果更佳。

本书以沈飞电子公司生产的自动控制原理实验箱为实验平台，介绍了十个自动控制原理实验和十个计算机控制技术实验。自动控制原理部分有：典型环节及其阶跃响应、控制系统瞬态响应、控制系统频率特性、采样系统分析、控制系统稳定性研究、非线性控制系统分析、连续系统串联校正、采样控制系统校正、状态反馈、状态观测器。计算机控制技术部分有：A/D，D/A 转换实验、采样保持器、大林算法控制、平滑与数字滤波、积分分离 PID 控制、解耦控制、最小拍控制系统、电机调速实验、步进电机实验、温度控制实验。实验内容涉及理论广泛，包含：经典控制理论的线性非线性部分及现代控制理论。实验项目类型丰富齐全，提供验证型、设计型和综合型三种类型的实验。同时为了增加实验的扩展性，培养学生的自主创新精神，还提供了函数库，供学生编程控制实验平台进行实验。

目　录

第一部分　自动控制原理实验

第二部分　计算机控制实验

第一部分

自动控制原理实验

第一章 验证性实验

1.1 典型环节的模拟研究

一、实验目的

1. 学习并掌握构成典型环节的模拟电路。
2. 熟悉各种典型环节的阶跃响应曲线。
3. 了解参数变化对典型环节动态特性的影响,学会由阶跃响应曲线计算典型环节的传递函数。

二、各典型环节的结构框图及模拟电路和阶跃响应曲线

(一)比例环节

1. 比例环节的结构框图

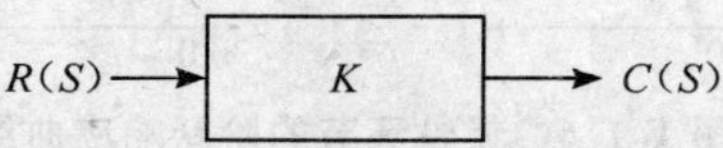

图 1.1.1 比例环节的结构框图

2. 比例环节的模拟电路

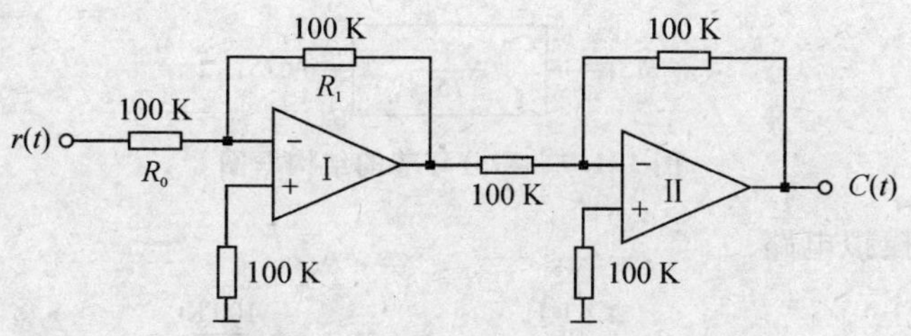

图 1.1.2 比例环节的模拟电路

3. 比例环节的单位阶跃响应 $c(t) = K$; $K = \dfrac{R_1}{R_0}$

4. 比例环节的阶跃响应曲线

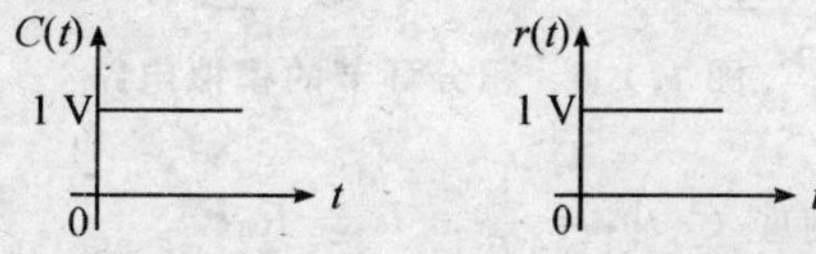

图 1.1.3 比例环节的阶跃响应曲线

(二)惯性环节

1. 惯性环节的结构框图

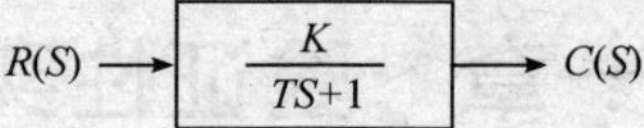

图 1.1.4　惯性环节的结构框图

2. 惯性环节的模拟电路

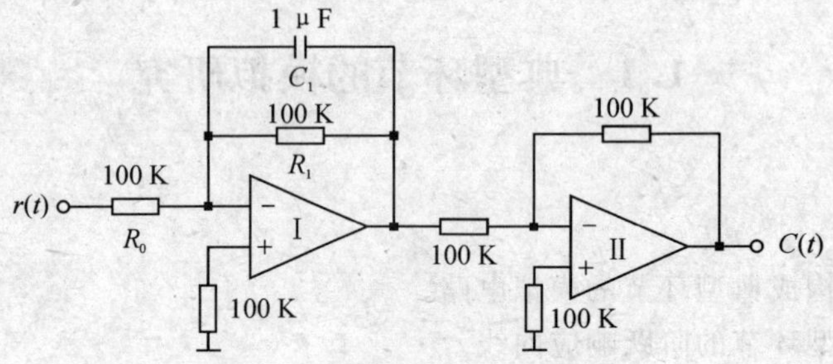

图 1.1.5　惯性环节的模拟电路

3. 惯性环节的单位阶跃响应 $C(t)=K(1-e^{\frac{-t}{T}})$；$K=\frac{R_1}{R_0}$、$T=R_1C_1$

4. 惯性环节的阶跃响应曲线

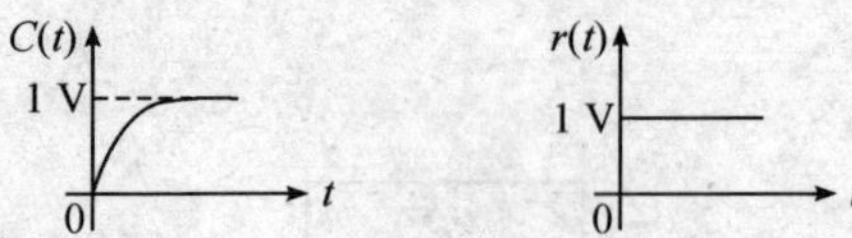

图 1.1.6　惯性环节的阶跃响应曲线

(三)积分环节

1. 积分环节的结构框图

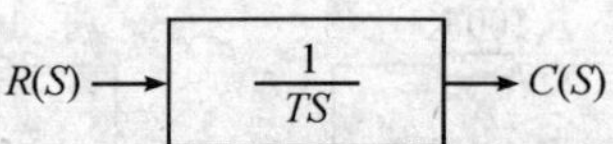

图 1.1.7　积分环节的结构框图

2. 积分环节的模拟电路

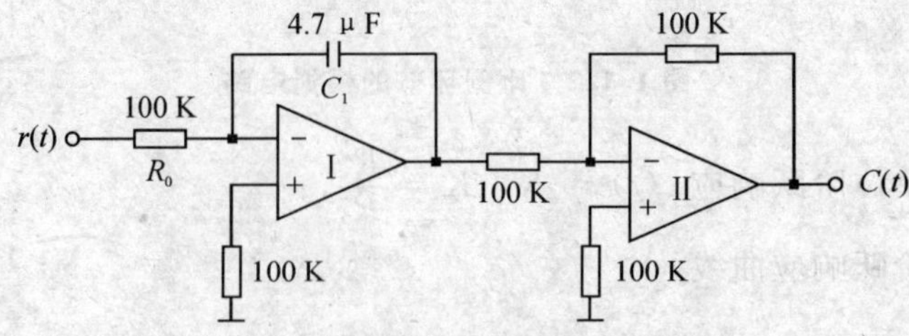

图 1.1.8　积分环节的模拟电路

3. 积分环节的单位阶跃响应 $C(t)=\frac{t}{T}$；$T=R_0C_1$

4. 积分环节的阶跃响应曲线

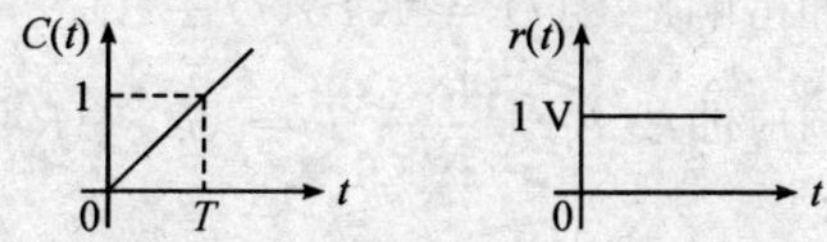

图 1.1.9　积分环节阶跃响应曲线

(四)微分环节

1. 微分环节的结构框图

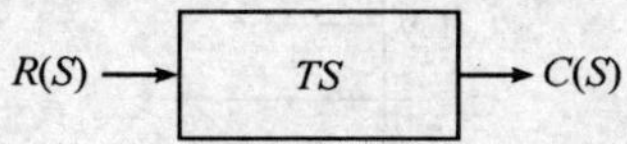

图 1.1.10　微分环节的结构框图

2. 微分环节的模拟电路

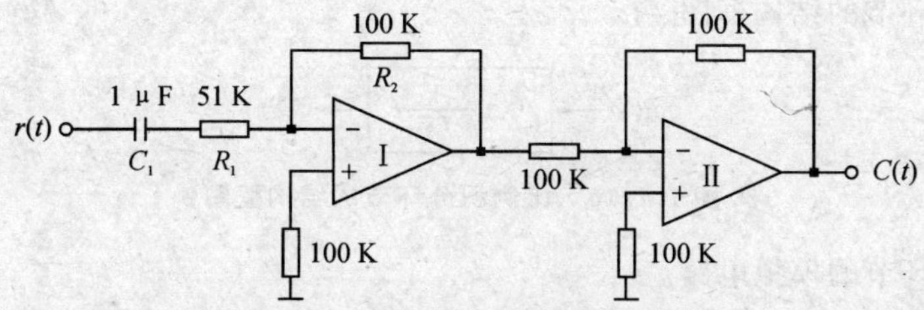

图 1.1.11　微分环节的模拟电路

3. 微分环节的单位冲击响应 $C(t)=T\delta(t)$；$\delta(t)$ 为单位脉冲函数

4. 微分环节的阶跃响应曲线 $T=R_2C_1$

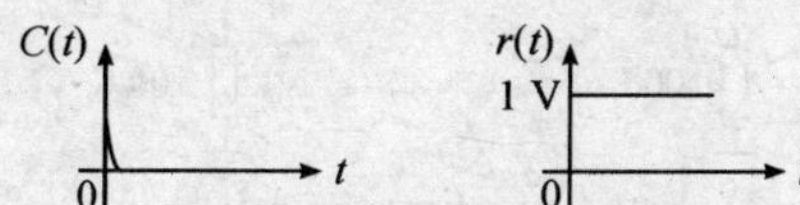

图 1.1.12　微分环节的阶跃响应曲线

(五)比例微分环节

1. 比例微分环节的结构框图

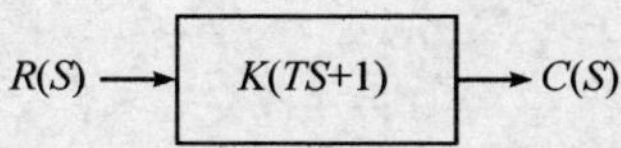

图1.1.13　比例微分环节的结构框图

2. 比例微分环节的模拟电路

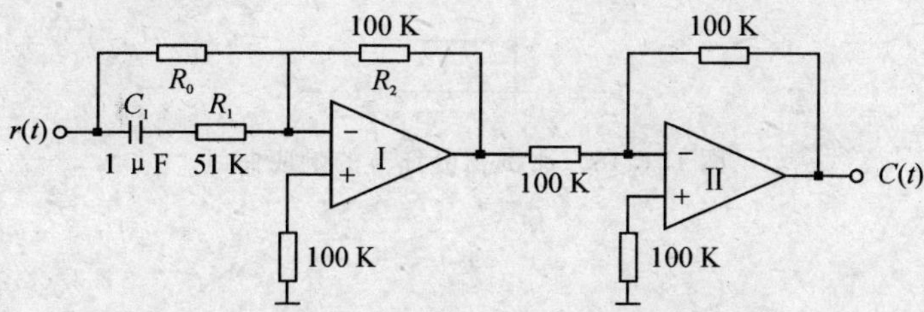

图 1.1.14　比例微分环节的模拟电路

3. 比例微分环节的单位冲击响应 $C(t) = KT\delta(t) + K$；$\delta(t)$ 为单位脉冲函数

4. 比例微分环节的阶跃响应曲线 $K = \dfrac{R_2}{R_0}$、$T = (R_0 + R_1)C_1$

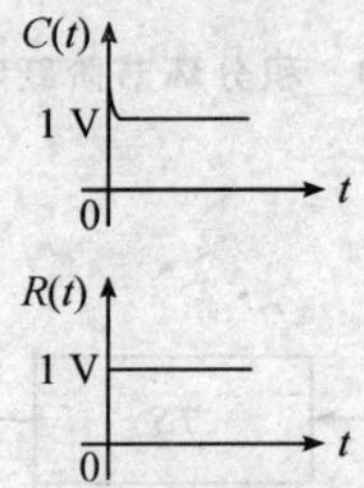

图 1.1.15　比例微分环节的阶跃响应曲线

(六)比例积分环节

1. 比例积分环节的结构框图

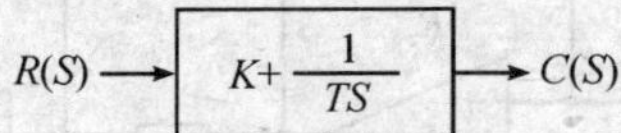

图 1.1.16　比例积分环节的结构框图

2. 比例积分环节的模拟电路

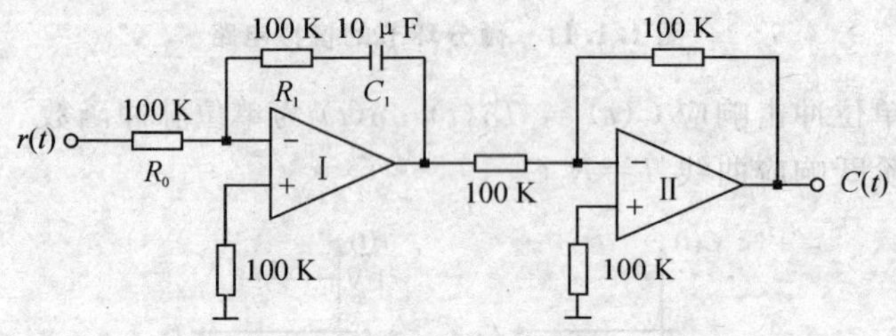

图 1.1.17　比例积分环节的模拟电路

3. 比例积分环节的阶跃响应 $C(t) = K + \dfrac{t}{T}$；$K = \dfrac{R_1}{R_0}$、$T = R_0C_1$

4. 比例积分环节的阶跃响应曲线

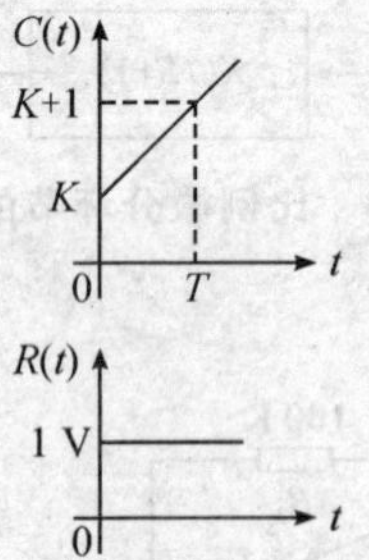

图 1.1.18　比例积分环节的响应曲线

三、实验步骤

1. 依次按典型电路接线，输入端 $r(t)$ 接阶跃信号并与数字示波器 OSC 的 CH1 连接，CH2 接输出端 $c(t)$。

注:用连续阶跃信号输入时,放电短路子接“AUTO”,用手动阶跃信号输入时,放电短路子接“HDC”。

2. 打开实验箱电源。

3. 启动计算机,运行“SAC-ZJT-A1”,进入实验系统。

4. 选择串口(如不选择,则默认 COM1 为通讯口)。

5. 选择“自控实验”,点击“典型环节的模拟研究”。

6. 点击“启动显示”,打开实验界面。

7. 点击“运行”,观察并调整输入阶跃信号的幅度为 1 V,按表 1.1.1 设置各典型环节的电路参数,观察并记录波形及数据,填入表 1.1.1 中。

四、实验报告

1. 画出各环节的模拟电路图及实验曲线。

2. 推导出各环节的传递函数,与理论计算的结果相比较,并在切换同一个电路的参数时,观察响应曲线的变化。

3. 表 1.1.1 典型环节实验记录

典型环节	K、T 值	单位阶跃响应	参数	响应曲线
比例(P)	$K=\frac{R_1}{R_0}$	$C(t)=K$	$R_1=100$ K	
			$R_1=200$ K	
惯性	$K=\frac{R_1}{R_0}$ $T=R_1C_1$	$C(t)=K(1-e^{\frac{-t}{T}})$	$C_1=1\ \mu$F	
			$C_1=2\ \mu$F	
积分(I)	$T=R_0C_1$	$C(t)=\frac{t}{T}$	$C_1=2\ \mu$F	
			$C_1=4.7\ \mu$F	
微分(D)	$T=R_2C_1$	$C(t)=T\delta(t)$	$R_2=100$ K	
			$R_2=51$ K	
比例微分(PD)	$K=\frac{R_2}{R_0}$ $T=(R_0+R_1)C_1$	$C(t)=KT\delta(t)+K$	$R_2=100$ K	
			$R_2=51$ K	
比例积分(PI)	$K=R_1/R_0$ $T=R_0C_1$	$C(t)=K+t/T$	$C_1=4.7\ \mu$F	
			$C_1=10\ \mu$F	

1.2　控制系统瞬态响应

一、实验目的

1. 学习构成典型二阶系统和三阶系统的的模拟电路。

2. 熟悉二阶系统和三阶系统的阶跃响应曲线,了解参数变化对典型环节动态特性的影响。

3. 学会由阶跃响应曲线计算典型环节的传递函数。

二、实验相关理论概述

(一)系统响应的动态过程和稳态过程

在典型信号作用下,控制系统的时间响应由动态过程和稳态过程两部分组成。

动态过程(过渡过程、暂态过程):在典型输入信号作用下,系统从初态到终态的响应过程。动态响应过程有三种情况:衰减型、发散型、等幅振荡型。

稳态响应过程:在输入信号作用下,当时间 t 趋向无穷大时,系统输出的表现形式。稳态误差是稳态性能描述。

1. 动态性能

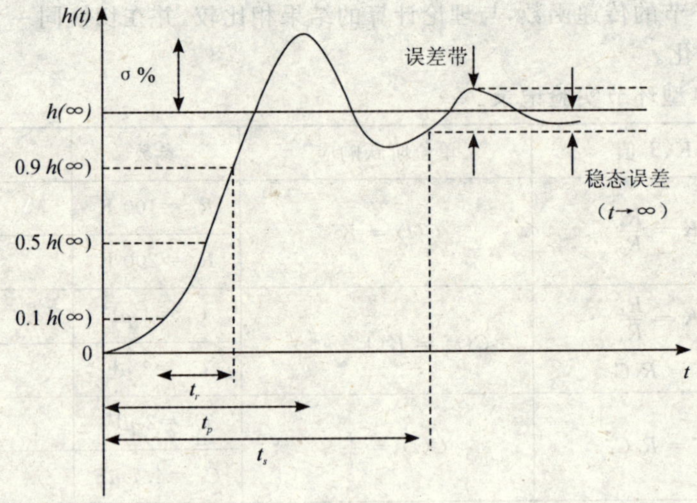

上升时间 t_r ,峰值时间 t_p ,调节时间 t_s ,超调量 $\sigma\%$。

在测定或计算系统的动态性能指标时,由于阶跃函数可以表征系统受到的最严峻的工作状态。动态性能指标描述稳定的系统在单位阶跃函数作用之下,动态过程随时间 t 变化情况的指标称为动态性能指标。

2. 稳态性能

通常讨论在阶跃、斜坡、加速度函数作用下的系统稳态误差;稳态误差用来衡量系统的控制精度或抗扰动性能。(注:本实验集中讨论阶跃下的动态性能)

(二)二阶系统分析

1. 二阶系统特征方程及特征方程的根

$$W(S)=\frac{\omega_n^2}{S^2+2\zeta\omega_n S+\omega_n^2}$$

$$s^2+2\zeta\omega_n s+\omega_n^2=0$$

$$s_{1,2}=-\zeta\omega_n\pm\omega_n\sqrt{\zeta^2-1}$$

2. 二阶系统闭环极点分布

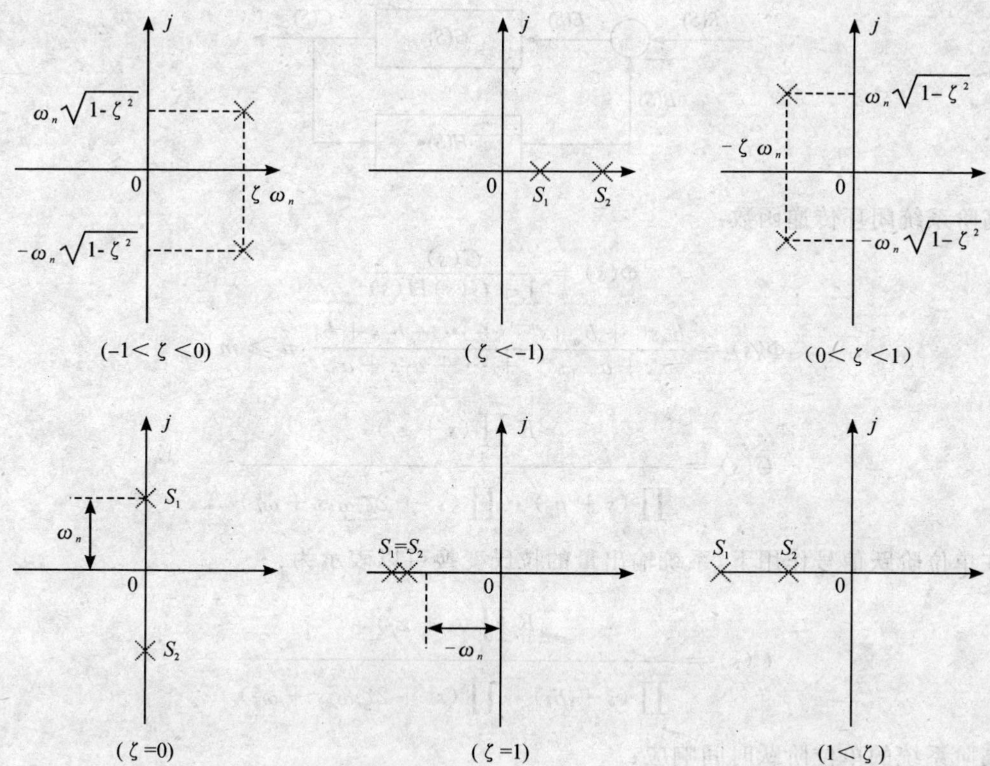

3. 二阶系统的单位阶跃响应 $r(t)=1(t)$

(1)发散正弦震荡型 $\zeta=-1$

$$h(t)=1-\frac{e^{-\zeta\omega_n t}}{\sqrt{1-\zeta^2}}\sin(\omega_n\sqrt{1-\zeta^2 t}+\theta)\qquad(t\geqslant 0)$$

(2)单调发散运动 $\zeta<-1$

$$h(t)=1+\frac{e^{-(\zeta+\sqrt{\zeta^2-1})\omega_n t}}{2\sqrt{\zeta^2-1}(\zeta+\sqrt{\zeta^2-1})}-\frac{e^{-(\zeta-\sqrt{\zeta^2-1})\omega_n t}}{2\sqrt{\zeta^2-1}(\zeta-\sqrt{\zeta^2-1})}\qquad(t\geqslant 0)$$

(3)等幅震荡运动 $\zeta=0$,时间响应为:

$$h(t)=1=\cos\omega_n t\qquad(t\geqslant 0)$$

(4)欠阻尼运动 $0<\zeta<1$,时间响应为:

$$h(t)=1-\frac{e^{-\zeta\omega_n t}}{\sqrt{1-\zeta^2}}\sin(\omega_n\sqrt{1-\zeta^2 t}+\beta)\qquad(t\geqslant 0)$$

(5)临界阻尼运动 $\zeta=1$,时间响应为:

$$h(t)=1-e^{-\omega_n t}(1+\omega_n t)\qquad(t\geqslant 0)$$

(6)过阻尼运动 $\zeta>1$,时间响应为:

$$h(t)=1+\frac{e^{\frac{-t}{T_1}}}{\frac{T_2}{T_1}-1}+\frac{e^{\frac{-t}{T_2}}}{\frac{T_1}{T_2}-1}\qquad(t\geqslant 0)$$

(三)高阶系统分析

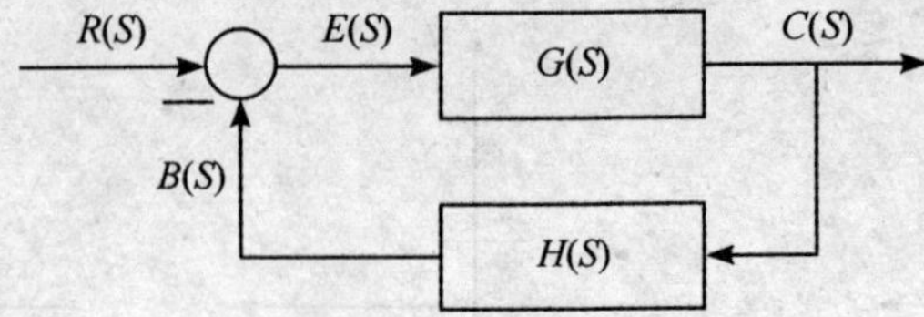

高阶系统闭环传递函数：

$$\Phi(s)=\frac{G(s)}{1+G(s)H(s)}$$

$$\Phi(s)=\frac{b_m s^m+b_{m-1}s^{m-1}+\cdots+b_1 s+b_0}{s^n+a_{n-1}s^{n-1}+\cdots+a_1 s+a_0},n\geqslant m$$

$$C(s)=\frac{K\prod_{j=1}^{m}(s+z_j)}{\prod_{i=1}^{q}(s+p_i)\cdot\prod_{k=1}^{r}(s^2+2\zeta_k\omega_k s+\omega_k^2)}$$

在单位阶跃信号作用下，系统输出量的拉氏变换可以表示为：

$$C(s)=\frac{K\prod_{j=1}^{m}(s+z_j)}{\prod_{i=1}^{q}(s+p_i)\cdot\prod_{k=1}^{r}(s^2+2\zeta_k\omega_k s+\omega_k^2)}$$

高阶系统的单位阶跃时间响应：

$$h(t)=A_0+\sum_{j=1}^{q}A_i e^{s_j t}+\sum_{i=1}^{r}B_k e^{-\zeta_k\omega_k t}\cos(\omega_k\sqrt{1-\zeta_k^2})t$$
$$+\sum_{k=1}^{r}\frac{C_k-B_k\zeta_k\omega_k}{\omega_k\sqrt{1-\zeta_k^2}}e^{-\zeta_k\omega_k t}\sin(\omega_k\sqrt{1-\zeta_k^2})t$$

高阶系统的响应特征：

(1)若系统闭环稳定，上式的指数项和阻尼正弦项均趋向零，稳态输出为常数项；

(2)系统响应的类型取决于闭环极点的性质，响应曲线的形状与闭环零点有关(主要体现在影响留数的大小和符号)。

闭环主导极点、非主导极点：

在稳定的高阶系统所有的闭环极点中，距虚轴最近的极点周围没有闭环零点，其他的闭环极点又远离虚轴，这个(对)极点所对应的响应分量，其衰减得最慢，在系统的响应中起主导作用，所以这个(对)极点称为闭环主导极点。其他极点称为非主导极点。

若高阶系统能找到这样的闭环主导极点，可以用二阶系统的动态性能指标来估算高阶系统的动态性能。

三、典型的二阶系统

1. 典型二阶系统的方块图

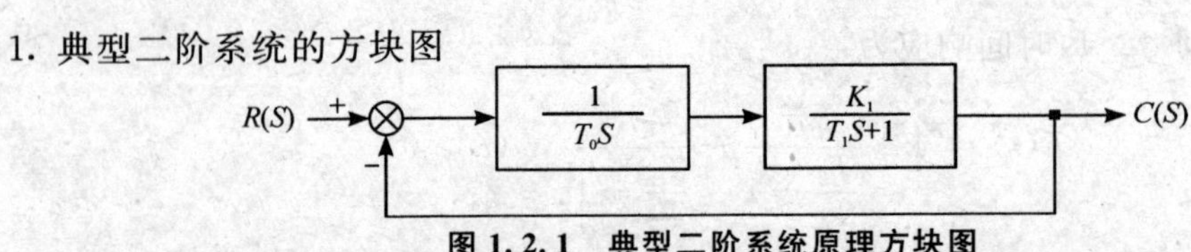

图 1.2.1　典型二阶系统原理方块图

图中 $T_0=1$ s、$T_1=0.1$ s、K_1 分别取 10、5、2.5、1。

2. 典型二阶系统的传递函数

开环传递函数：

$$G(S)=\frac{K}{S(T_1S+1)}=\frac{K_1}{S(0.1S+1)}$$

其中：
$$K=K_1/T_0=K_1$$

闭环传递函数：

$$W(S)=\frac{\omega_n^2}{S^2+2\zeta\omega_nS+\omega_n^2}$$

其中：$\omega_n=\sqrt{K_1/T_1T_0}$　　$\zeta=\frac{1}{2}\sqrt{T_0/K_1T_1}$

二阶系统在欠阻尼、临界阻尼、过阻尼三种情况下具体参数的表达式如表 1.2.1：

表 1.2.1

条件	$0<\zeta<1$	$\zeta=1$	$\zeta>1$
K	$K=K_1T_0=K_1$		
ωn	$\omega n=\sqrt{K_1/T_1T_0}=\sqrt{10K_1}$		
ζ	$\zeta=\frac{1}{2}\sqrt{T_0/K_1T_1}=\frac{\sqrt{10K_1}}{2K_1}$		
$C(tp)$	$C(tp)=1+e^{-\zeta\pi/\sqrt{1-\zeta^2}}$		
$C(\infty)$	1	/	/
$Mp(\%)$	$Mp=e^{-\zeta\pi/\sqrt{1-\zeta^2}}$	/	/
$tp(S)$	$tp=\frac{\pi}{\omega n\sqrt{1-\zeta^2}}$	/	
$ts(S)$	$ts=\frac{4}{\xi\omega n}$	/	/

3. 典型二阶系统的模拟电路

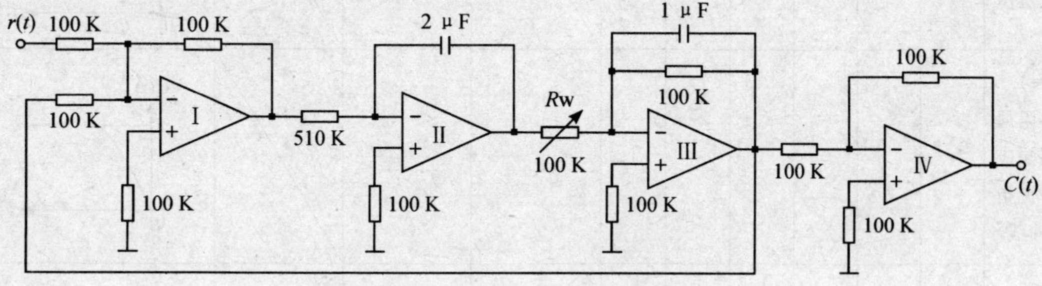

图 1.2.2　典型二阶系统的模拟电路

图中：Rw 取 10 K、20 K、100 K。

模拟电路的开环传递函数：

$$G(S)=\frac{K_1}{S(0.1\ S+1)}=\frac{100/Rw}{S(0.1\ S+1)}$$

其中：$K_1=100/Rw \quad \omega n=\sqrt{10\ K_1} \quad \xi=\frac{\sqrt{10\ K_1}}{2\ K_1}$

表 1.2.2 给出二阶系统在欠阻尼、临界阻尼、过阻尼三种情况下，具体参数的实验数据及波形，以供参考。（注：$\xi=0$ 无实际意义，$\xi\geqslant1$ 不实用）。

4. 典型二阶系统瞬态性能指标的测试

①按图 1.2.2 典型二阶系统的模拟电路接线，Rw 取 20 K。

②输入端 $r(t)$ 接阶跃信号并与数字示波器 OSC 的 CH1 连接，CH2 接输出端 $C(t)$。

注$_1$：用连续阶跃信号输入时，放电短路子接“AUTO”，用手动阶跃信号输入时，放电短路子接“HDC”。

注$_2$：当显示参数无效时，将示波器的两个表笔调换一下。

③打开实验箱电源。

④启动计算机，运行“SAC-ZJT-A1”，进入实验系统。

⑤选择“自控实验”，点击“控制系统瞬间态响应”。

⑥选择串口（如不选择，则默认 COM1 为通讯口）。

⑦点击“启动显示”，打开实验界面。

⑧点击“运行”，观察并调整输入阶跃信号的幅度为 1 V。

⑨填写 1.2.2 表，按表 1.2.3 调整电阻 Rw（临界阻尼状态，根据波形记录电阻值），观察并记录系统的阶跃响应及曲线数据（超调量 Mp、峰值时间 tp 和调节时间 ts），并将测量值和计算值进行比较（实验前须按公式计算出各比较值）。

表 1.2.2

参数 / 项目	R_W (RΩ)	K (1/S)	W_n (1/S)	ξ	$C(tp)$	$C(\infty)$	M_p(%) 测量值	M_p(%) 计算值	tp(s) 测量值	tp(s) 计算值	ts(s) 测量值	ts(s) 计算值	阶跃响应曲线
$0<\xi<1$ 欠阻尼阶跃响应为衰减震荡				$\frac{\sqrt{2}}{2}$		1							
$\xi=1$ 临界阻尼阶跃响应为单调指数曲线				1	—	1	—		—				
$\xi>1$ 过阻尼响应为单调指数曲线				$\frac{\sqrt{10}}{2}$	—	1	—		—				

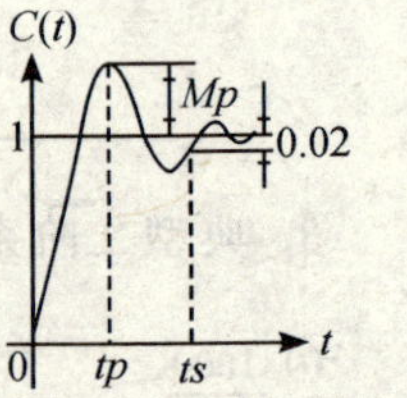

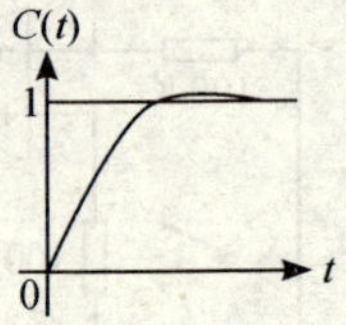

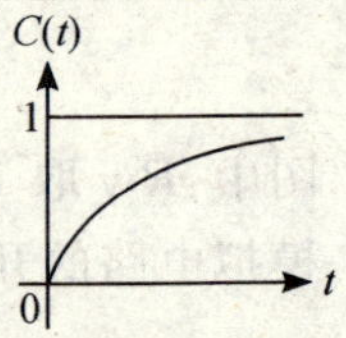

表 1.2.3　典型二阶系统的实验记录

状　态	Rw(KΩ)	输出波形	Mp	Tp	Ts
欠阻尼	10				
临界阻尼	（填入）			/	
过阻尼	100			/	

四、典型三阶系统

1. 典型三阶系统的方块图

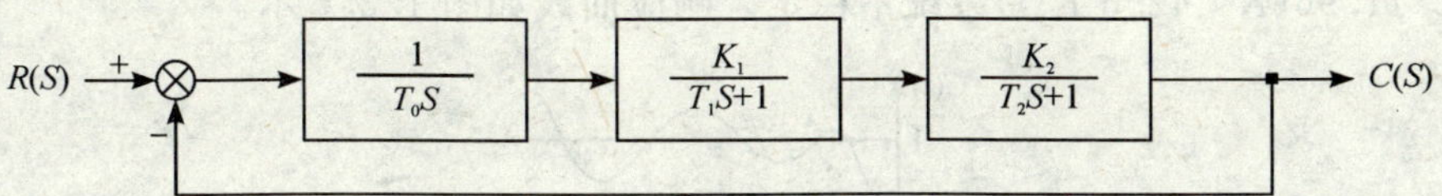

图 1.2.3　典型三阶系统的方块图

2. 典型三阶系统的开环传递函数

$$G(S)H(S)=\frac{K}{S(T_1S+1)(T_2S+1)}$$

其中：$K=K1K2/T0$

3. 典型三阶系统的模拟电路图

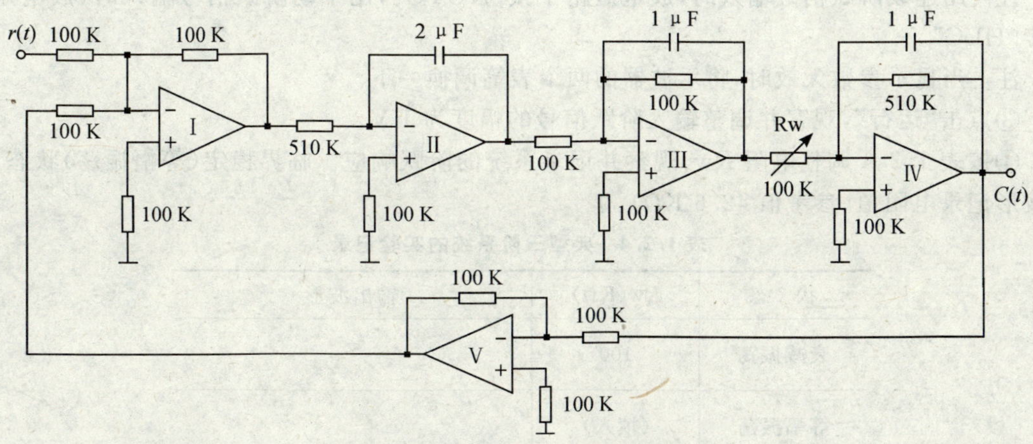

图 1.2.4　典型三阶系统的模拟电路

典型三阶系统模拟电路的开环传递函数：

特征方程为：　　$1+G(S)H(S)=0$

代入数据可解得：　$S^3+11.96S^2+19.6S+19.6K=0$

由 Routh 判据得：

当 $0<K<11.96$（$R>42.6$ KΩ）系统稳定，响应曲线如图 1.2.5 示。

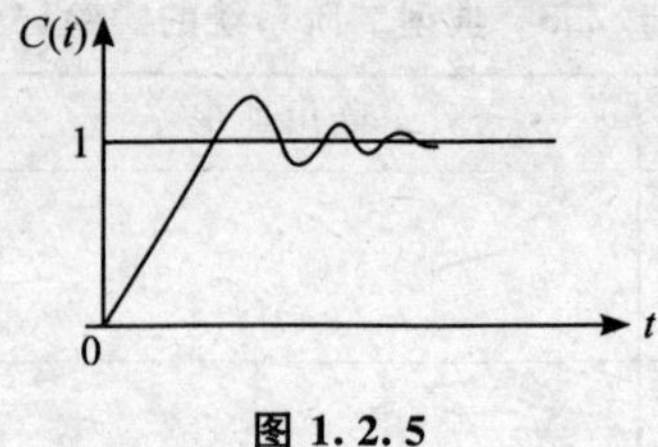

图 1.2.5

当 $K=11.96(R=42.6\ \mathrm{K\Omega})$ 系统临界稳定。响应曲线如图 1.2.6 示。

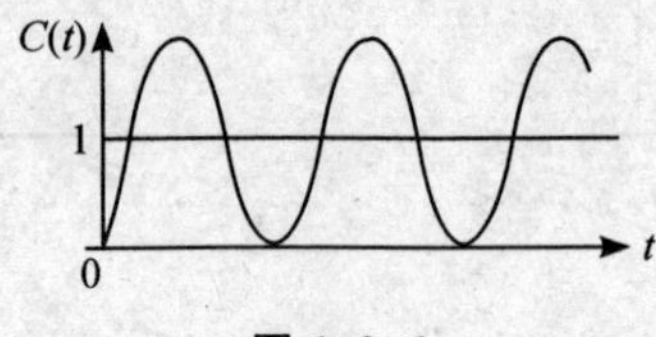

图 1.2.6

当 $K>11.96(R<42.6\ \mathrm{K\Omega})$ 系统不稳定。响应曲线如图 1.2.7 示。

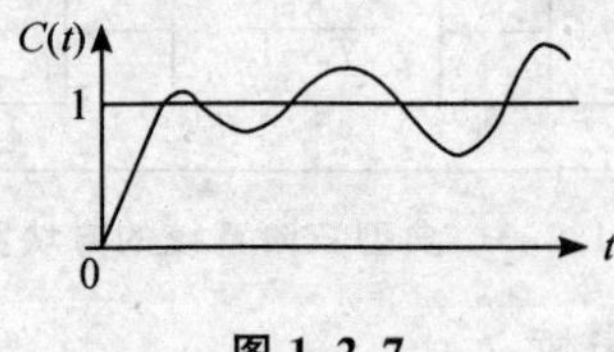

图 1.2.7

4. 典型三阶系统性能的测试

①按图 1.2.4 典型三阶系统的模拟电路图接线，Rw 取 30 K。

②输入端 $r(t)$ 接阶跃信号并与数字示波器 OSC 的 CH1 连接，CH2 接输出端 $C(t)$。

注$_1$：用连续阶跃信号输入时，放电短路子接“AUTO”，用手动阶跃信号输入时，放电短路子接“HDC”。

注$_2$：当显示参数无效时，将示波器的两个表笔调换一下。

③点击“运行”，观察并调整输入阶跃信号的幅度为 1 V。

④按表 1.2.4 调整电阻 Rw，观察并记录系统的阶跃响应。临界稳定（等幅振荡）状态，根据波形记录电阻值（参考值 42.6 KΩ）。

表 1.2.4 典型三阶系统的实验记录

状　态	Rw(KΩ)	输出波形
衰减振荡	100	
等幅振荡	（填入）	
发散振荡	15	

五、实验报告

1. 画出各环节的模拟电路图，及实验曲线。

2. 推导出各环节的传递函数，并与理论计算的结果相比较。

1.3　控制系统的频率特性

一、实验目的

1. 加深了解系统频率特性的物理概念。

2. 掌握系统频率特性的测量方法。

二、实验相关理论概述

频域分析方法是应用频率特性研究自动控制系统的一种经典方法。它间接揭示了系统的时域本质,使得系统的物理特性能够准确地展示在复平面上,从而能较方便迅速地判断某些环节或参数对系统性能的影响,并进一步指明改进的方向。

频率特性可由微分方程或传递函数求得,还可以用实验方法测定,对于一些难于采用分析法写出系统动态模型的情况,这一点具有特别重要的意义。频域分析法主要适用于线性定常系统,它作为一种实用的工程方法,应用十分广泛。

1. 频率特性的定义

设有稳定的线性定常系统,在正弦信号的作用下,系统输出的稳态分量为同频率的正弦函数,其振幅与输入正弦信号的振幅之比 $A(\omega)$称为幅频特性,其相位与输入正弦信号的相位之差 $\varphi(\omega)$称为相频特性。系统输出的稳态分量与输入正弦信号的复数比称为系统的频率特性,以下式表示:

$$G(j\omega) = A(\omega)e^{\varphi(\omega)}$$

2. 频率特性的数学本质

设系统的传递函数为:

$$G(s) = \frac{C(s)}{R(s)}$$

系统频率特性和传递函数有着下述直接而重要的关系:

$$G(j\omega) = G(s)\mid_{s=j\omega}$$

这表明和传递函数一样,频率特性反映了系统的运动规律,加以频率特性可以用图形方式表达,又可通过实验获得,因此为控制系统的分析和设计提供了新的途径。

3. 频率特性的几何表示

用曲线来表示系统的频率特性,常使用以下几种方法:

(1)幅频特性和相频特性曲线。

(2)幅相频率特性曲线:又称奈奎斯特(Nyquist)图或极坐标图。

(3)对数频率特性曲线:又称伯德(Bode)图。

(4)对数幅相频率特性曲线:又称尼柯尔斯曲线。

4. 波特图的表示

波特(Bode)图又称对数频率特性曲线。这种方法用两条曲线分别表示对数幅频特性和对数相频特性。

对数幅频特性:横坐标为 ω,按常用对数 $\lg\omega$ 分度,而纵坐标为:

$$L(\omega) = 20\lg A(\omega) = 20\lg |G(j\omega)|$$

单位为分贝，线性分度。

对数相频特性：横坐标为 ω，按常用对数 $\lg\omega$ 分度，而纵坐标为 $\varphi(\omega)$，单位为度，线性分度。

三、实验内容

1. 系统结构框图

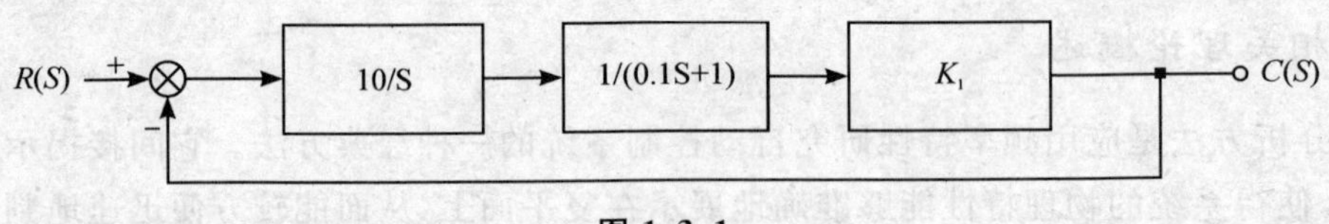

图 1.3.1

2. 系统的模拟电路图

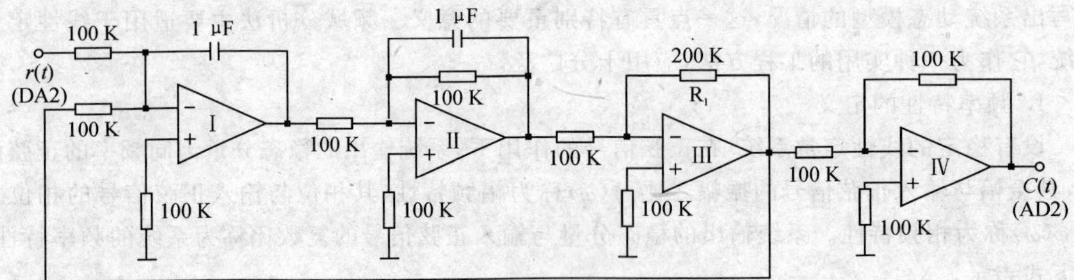

图 1.3.2 频率特性的模拟电路

3. 系统的传递函数

取 $R_1 = 200\ \text{K}\Omega$，则 $K_1 = 2$，得系统传递函数为：

$$G(S) = \frac{C(S)}{R(S)} = \frac{200}{S^2 + 10S + 200}$$

若输入信号 $u_i(t) = U_i \sin\omega t$，则在稳态时，其输出信号为 $u_0(t) = U_0 \sin(\omega t + \Psi)$。改变输入信号角频率 ω 值，便可测得 U_0/U_i 和 Ψ 随 ω 变化的数值，这个变化规律就是系统的幅频特性和相频特性。如图 1.3.3 所示。

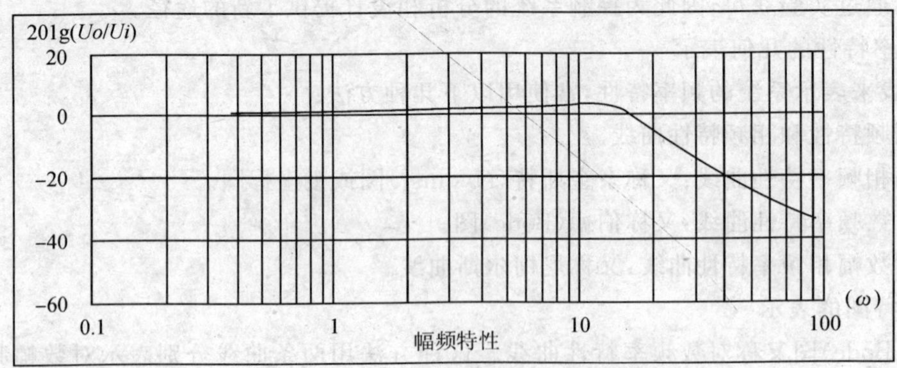

图 1.3.3(1)

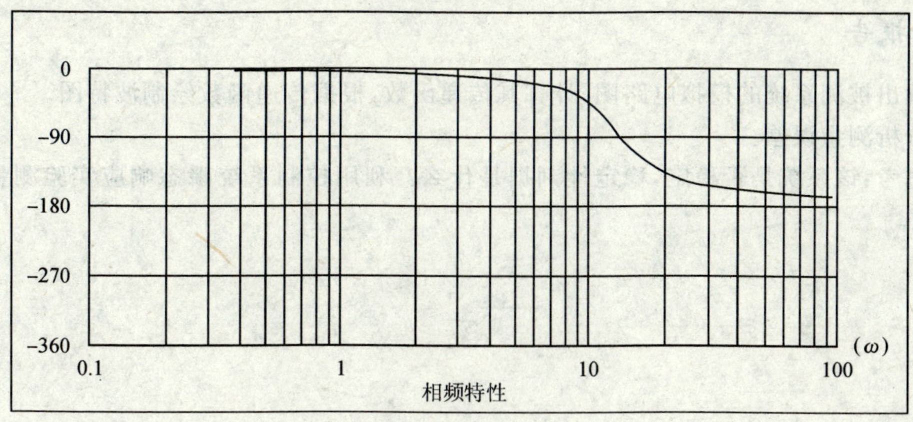

图 1.3.3(2)

根据实验开环对数幅频曲线画出开环对数幅频曲线的渐近线，再根据渐近线的斜率和转角频率确定频率特性（或传递函数）。所确定的频率特性（或传递函数）的正确性可以由测量的相频曲线来检验，对最小相位系统而言，实际测量所得的相频曲线必须与由确定的频率特性（或传递函数）所画出的理论相频曲线在一定程度上相符。如果测量所得的相位在高频（相对与转角频率）时不等于$-90°(n-m)$[式中 m 和 n 分别表示传递函数分子和分母的阶次]，那么，频率特性（或传递函数）必定是一个非最小相位系统的频率特性。

四、实验步骤

1. 按图 1.3.2 所示模拟电路接线（注：插好 J2 短路子，并将放电短路子接“HDC”）。
2. 打开实验箱电源。
3. 启动计算机，运行“SAC-ZJT-A1”，进入实验系统。
4. 选择串口（如不选择，则默认 COM1 为通讯口）。
5. 选择“自控实验”，点击“系统频率特性实验”。
6. 点击“启动显示”，打开实验界面。
7. 选择运行放式（信号角频率 ω 值在 0.1～80 之间）。
8. 点击“运行”，数字示波器将同时显示单片机输出的激励信号和系统的频率响应，并在波特图窗口显示相应的幅频值和相频值。
9. 将实验记录填入表 1.3.1 中。

表 1.3.1　频率特性的实验记录

信号角频率 ω	幅值(20 lg)	相位	波特图

五、实验报告

1. 画出被测系统的模拟电路图，计算其传递函数，根据传递函数绘制波特图。

2. 分析测量误差。

3. 思考：该系统是否稳定，稳定性判据是什么？利用控制系统瞬态响应实验测量系统的主要参数。

第二章　综合性实验

2.1　采样系统分析

一、实验目的

1. 加深理解采样、保持原理及香农定理。
2. 了解系统的稳定性与采样周期的关系。
3. 学会使用“采样-保持器”组件 LF398。
4.

二、实验相关理论概述

1. 离散时间信号

系统中的信号按照时间的连续和离散可分为连续信号和离散信号。

连续信号是时间 t 的连续函数，连续信号分为两种：时间和幅度都连续的信号，称为模拟信号，如图 2.1.1(a)所示的光滑曲线；以及时间连续而幅度量化的信号，称为幅度离散或幅度量化信号，如图 2.1.1(b)所示的幅度呈现阶跃或阶梯形的曲线。

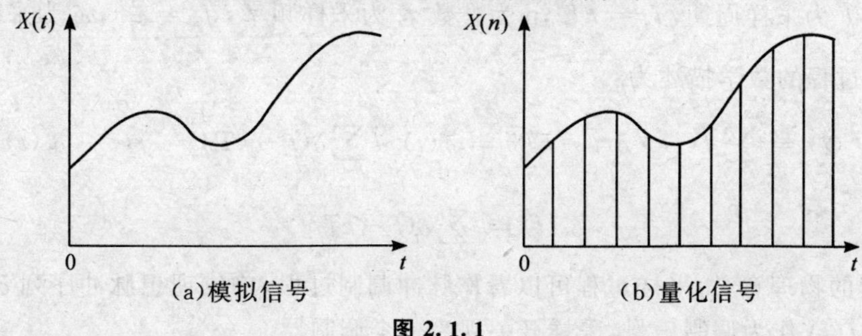

(a)模拟信号　(b)量化信号

图 2.1.1

离散信号是时间 t 量化或离散化的信号，离散信号分为两种：时间离散而幅度连续的信号，称为采样信号，如图 2.1.2(a)所示；以及时间和幅度都量化的信号，称为数字信号，如图 2.1.2(b)所示。

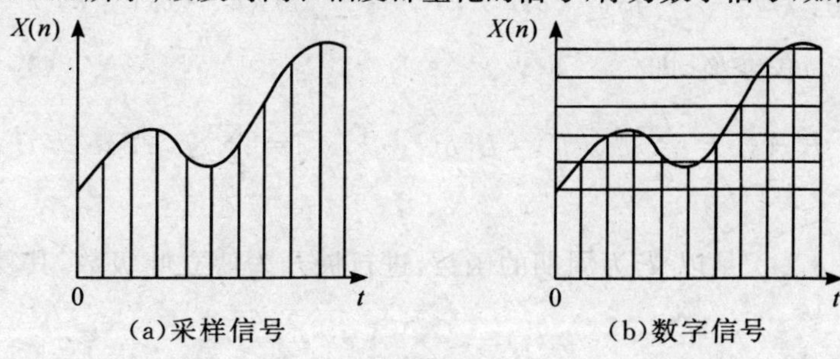

(a)采样信号　(b)数字信号

图 2.1.2

离散时间信号是一个离散的数值序列如图 2.1.2 所示，该信号表示为 $X(t_n)$，t_n 为信号被定义的时刻，在该时刻信号 X 才可能被采集，而在这些时刻间的信号被遗弃或无法确定。当 $T_n = t_{n+1} - t_n$ 为常数时，$t_n = nT$，$X(t_n)$ 又记为 $X(nT)$ 或 $X(n)$。

2. 采样过程

按照一定的时间间隔将连续信号变换为在时间上离散的脉冲序列的过程称为采样过程。用来实现采样过程的装置称为采样器或采样开关。

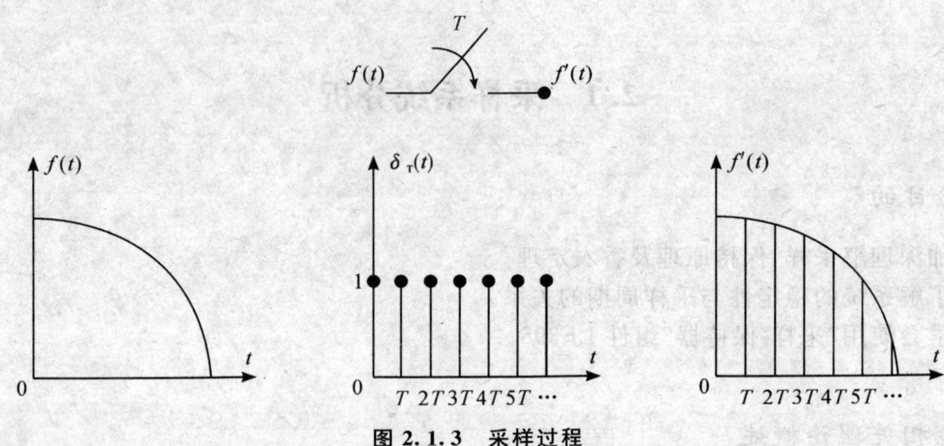

图 2.1.3 采样过程

将连续信号 $f(t)$ 加到采样开关的输入端，采样开关以周期 T 闭合依次，闭合持续时间为 ε，则采样开关的输出端得到宽度为 ε 的脉冲序列 $f^*(t)$，如图 2.1.4 所示 $f^*(t)$ 可近似为一系列宽度为 ε，高度为 $f(kT)$ 的矩形脉冲。理想的采样开关等效于一个理想的单位脉冲序列发生器，由于 ε 很小因此产生单位脉冲序列 $\delta_r(t)$。

设 $\varepsilon \ll T$，T 为采样周期，$t_n = nT$，n 为整数 f_s 为采样频率，$f_s = \dfrac{1}{T}$，ω_s 为采样角频率，$\omega_s = 2\pi/T$，采样过程的数学描述为：

$$f^*(t) = \sum_{k=0}^{\infty} f(t) \cdot \delta(t-kT) = f(t) \cdot \sum_{k=0}^{\infty} \delta(t-kT) = f(t) \cdot \delta_r(t)$$

式中：

$$\delta_r(t) = \sum_{k=0}^{\infty} \delta(t-kT)$$

采样过程的物理意义：采样过程可以看作脉冲调制过程，单位理想脉冲序列 $\delta_T(t)$ 作为载波，输入信号 $f(t)$ 作为调制信号，采样开关视为一个调制器。

$f^*(t)$ 在脉冲出现时刻才有意义，则：

$$f^*(t) = \sum_{k=0}^{\infty} f(t) \cdot \delta(t-kT) = \sum_{k=0}^{\infty} f(nT) \cdot \delta(t-kT)$$

对 $f^*(t)$ 进行拉氏变换，即

$$F^*(s) = \sum_{k=0}^{\infty} f(nT) \cdot L[\delta(t-kT)] = \sum_{k=0}^{\infty} f(nT) e^{-nTs}$$

3. 采样定理

单位脉冲序列 $\delta_T(t)$ 是以 T 为周期的函数，进行展开为傅立叶级数，其复数形式则为：

$$\delta_r(t) = \sum_{n=-\infty}^{\infty} A_n e^{jn\omega_s t}$$

式中：

$$A_n = \frac{1}{T}\int_{\frac{-T}{2}}^{\frac{T}{2}} \delta_r(t) e^{jn\omega_s t} dt = \frac{1}{T}$$

则：

$$\delta_r(t) = \frac{1}{T}\sum_{n=-\infty}^{\infty} e^{jn\omega_s t}$$

得出：

$$F^*(s) = \sum_{k=0}^{\infty} L[f^*(t)] = \frac{1}{T}\sum_{n=-\infty}^{\infty} F(s + jn\omega_s)$$

通常 $F^*(s)$ 的全部极点均位于 s 平面的左半部，因此可以用 $s=j\omega$ 代入，得到采样后离散信号频谱与连续信号频谱之间的关系：

$$F^*(j\omega) = \frac{1}{T}\sum_{n=-\infty}^{\infty} F(j\omega + jn\omega_s)$$

其中：

$$F(j\omega) = \int_{-\infty}^{\infty} f(t) e^{-j\omega} \mathrm{d}t$$

式中，$F^*(j\omega)$ 为离散信号频谱，$F(j\omega)$ 为连续信号频谱。

设连续信号 $f(t)$ 的频谱 $F(j\omega)$ 是一个单一的连续频谱，最高角频率为 ω_m，如图 2.1.4 所示

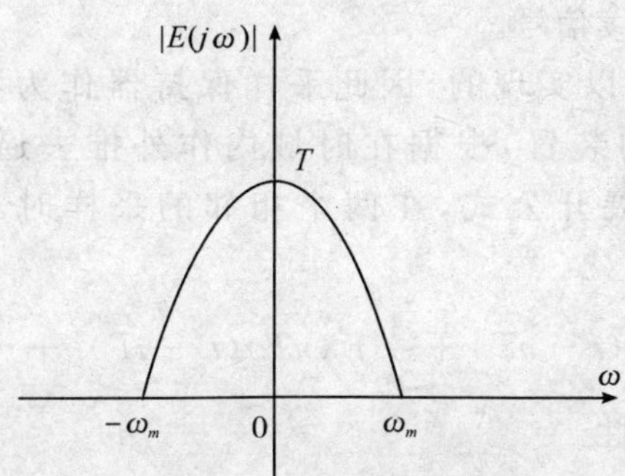

图 2.1.4　连续信号频谱

而离散后的信号 $f^*(t)$ 的频谱 $F^*(j\omega)$ 为以采样角频率 ω_s 为周期的无限多个频谱之和，如图 2.1.5 所示，幅度下降为原来的 $1/T$，$n=0$ 为主频谱与连续信号的频谱相对应，另外还包含很多高频分量。

图 2.1.5(a)为 $\omega_s > 2\omega_m$，则 $F^*(j\omega)$ 频谱为各波形互不重叠；图 2.1.5(b)为 $\omega_s < 2\omega_m$，则 $F^*(j\omega)$ 频谱将重叠而相互干扰，这样就难以准确地恢复原来的信号。

采样定理：为了能从采样信号中大体恢复原来的连续信号，采样频率必须满足 $\omega_s \geqslant 2\omega_m$，也称为香农(Shannon)定理，其中 ω_m 为连续信号所含最高频率分量的角频率，ω_s 为采样角频率

4. 信号保持

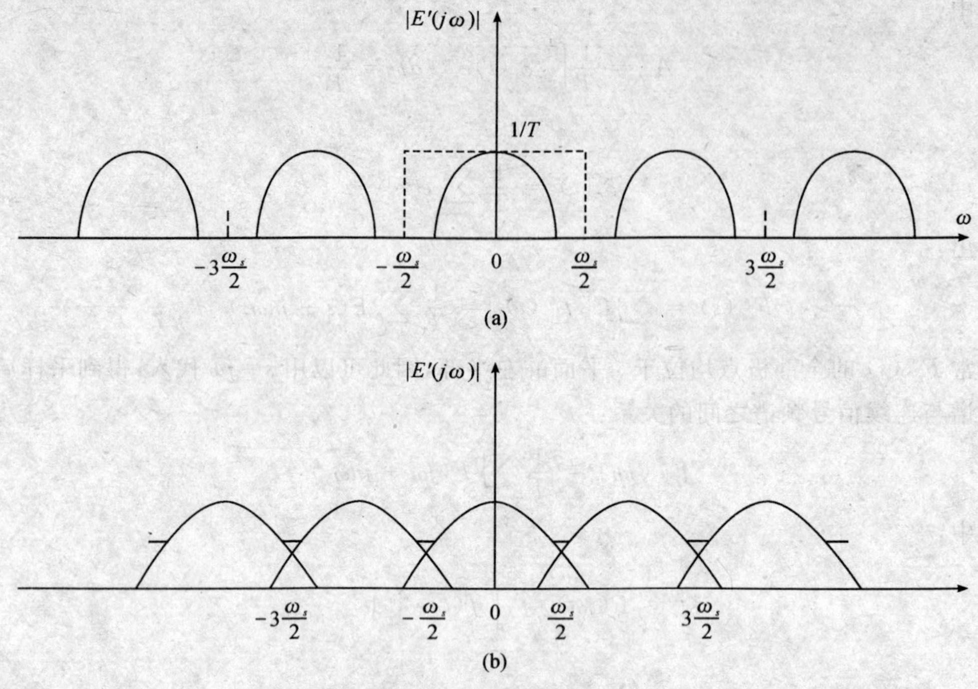

图 2.1.5 离散信号频谱

信号保持是将采样信号 $f^*(t)$ 转换成连续信号的转换过程。用于实现转换的装置称为保持器。假设采样角频率 $\omega_s \geqslant 2\omega_m$，使用具有锐截止特性的理想滤波器可滤掉各高频分量而保留主频谱，无失真的再现连续信号。

实际上理想滤波器是难以实现的，因此采样保持器作为实际中的滤波器。保持器是一种采样时域外推原理的装置，根据在时域内作外推去逼近原信号，实现外推的方法就是利用 $f(t)$ 的幂级数展开公式，在两个相邻的采样时刻间 $nT < t < (n+1)T$ 的 $f(t)$ 值如下

$$f(t) = f(nT) + f'(nT)(t - nT) + \frac{1}{2}f''(nT)(t - nT)^2 + \cdots$$

(1)采样控制系统的稳定性

Z 平面与 s 平面的关系：

s 变量表达式为：$s = \delta + j\omega$

z 变量与 s 变量的关系为：$z = e^{Ts}$

将 s 表达式代入上式

$z = e^{ts} = e^{T(\delta + j\omega)} = e^{T\delta} \cdot e^{j\omega T} = |z| e^{j\theta}$

$|z| = e^{T\delta} \qquad \theta = \omega T$

z 平面的稳定条件

s 平面稳定的条件为：系统的极点均在 s 平面的左半部，s 平面的虚轴是稳定区域的边界。如果系统中有极点在 s 平面的右半部，系统就不稳定。

z 平面稳定采样控制系统的输出采样值处于稳定范围内，系统就稳定。

s 平面与 z 平面的映射关系如下表：

系统稳定情况	S平面	Z平面
系统不稳定	$\delta>0$　在右半面	$\|z\|>1$ 在单位圆外
系统临界稳定	$\delta=0$　在虚轴上	$\|z\|=1$ 在单位圆上
系统稳定	$\delta<0$　在左半面	$\|z\|<1$ 在单位圆内

s 平面与 z 平面的映射关系如图 2.1.6 所示。

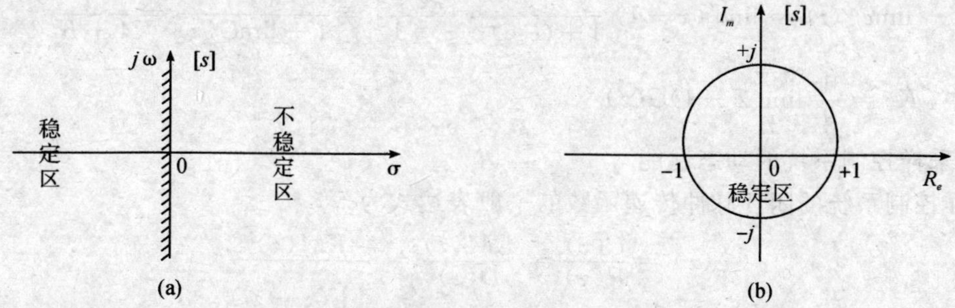

图 2.1.6　平面稳定区在 Z 平面上的映射

z 平面稳定的充要条件为：系统的极点均在 z 平面上的单位圆内，z 平面的单位圆为稳定的边界。如果系统有极点在单位圆外，则系统不稳定。

(2)劳斯稳定判据

分析线性连续系统时，采用劳斯稳定判据判断系统极点在 s 平面的位置从而判断系统的稳定性。在 z 平面必须经过变换，把 z 平面的单位圆映射到 s 左半平面上。

令：$z=\dfrac{1+\omega}{1-\omega}$（则 $\omega=\dfrac{z+1}{z-1}$）

式中 $z=x+jy$，$\omega=u+jv$

对于高阶系统，劳斯判据用来判定稳定性比较麻烦。

(3)采样控制系统的稳态误差

采样控制系统的单位反馈系统的结构如图 2.1.7 所示。

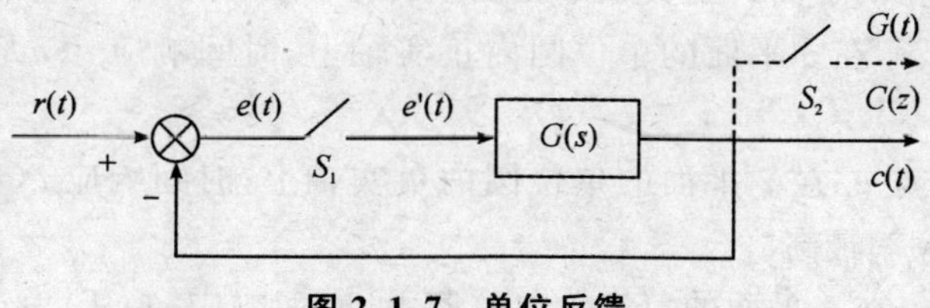

图 2.1.7　单位反馈

稳态误差为：$E(z)=\dfrac{R(z)}{1+G(z)}$

$E(z)=R(z)-C(z)=R(z)-E(z)G(z)$

根据 z 变换的终值定理为：

$$\lim_{t\to\infty} e^*(t)=\lim_{z\to1}(z-1)E(z)=\lim_{z\to1}(z-1)\frac{R(z)}{1+G(z)}$$

设闭环系统的脉冲传递函数的一般表达式为

$$G(z)=\frac{K_g\prod_{i=1}^{m}(z+z_i)}{(z-1)^m\prod_{j=1}^{n-m}(z+p_j)}$$

单位阶跃输入时的系统误差

$R(z)=\dfrac{z}{z-1}$

$$\lim_{t\to\infty}e^*(t)=\lim_{z\to 1}\left[(z-1)\frac{1}{1+G(z)}\cdot\frac{z}{z-1}\right]=\frac{1}{1+\lim\limits_{z\to 1}G(z)}=\frac{1}{1+K_v}$$

其中，$K_v=\dfrac{1}{T}\lim\limits_{z\to 1}(Z-1)G(z)$

(4)采样控制系统的动态性能

采样控制系统的闭环脉冲传递函数的一般表达式为

$$\varphi(z)=\frac{C(z)}{R(z)}=\frac{KM(z)}{D(z)}=\frac{KM(z)}{\prod_{i=1}^{n}(z-z_i)}$$

式中 K 为闭环增益，$M(z)$为分子多项式，$D(z)$为分母多项式。

当输入单位阶跃信号后，系统的输出为：$C(z)=\dfrac{z}{z-1}\cdot\dfrac{KM(z)}{\prod_{i=1}^{n}(z-z_i)}$

进行 z 反变换后，得系统在单位阶跃信号作用下采样时刻输出值为：

$$c(nT)=K_0+\sum_{t_r\text{为复数}}A_i(Z_i)^n+\sum_{t_r\text{为复数}}B_t\mid Z_t\mid^n\cos(n\theta_t+\varphi_i)$$

式中 $\theta_k=\angle Z_i$，φ_k 为与闭环各零极点相角有关的相位角。

1)闭环极点为实数极点，系统时间响应为：$c(nT)=K_0+\sum\limits_{i=1}^{n}A_i(z_i)^n$

根据极点所在的位置分为六种情况：

①$z_i>1$ 极点 z_i 在 z 平面的单位圆外正实轴上，时间响应 $c(nT)$为单调发散的。

②$z_i=1$ 极点 z_i 在 z 平面的正实轴单位圆上，时间响应 $c(nT)$为等幅的。

③$0<z_i<1$ 极点 z_i 在 z 平面的单位圆内正实轴上，时间响应 $c(nT)$为单调衰减的，越接近圆心衰减越快。

④$-1<z_i<0$ 极点 z_i 在 z 平面的单位圆内负实轴上，时间响应 $c(nT)$为衰减振荡，正负交替衰减振荡，振荡频率最高。

⑤$z_i=-1$ 极点 z_i 在 z 平面的负实轴单位圆上，时间响应 $c(nT)$为正负交替等幅振荡的。

⑥$z_i<-1$ 极点 z_i 在 z 平面的单位圆外负实轴上，时间响应 $c(nT)$为正负交替发散振荡的。

2)闭环极点为复数极点时，系统的时间响应为：

$$c(nT)=K_0+\sum_{i=1}^{n}\cos(n\theta_i+\varphi_i)$$

根据复数极点的位置可分为三种情况：

①$|z_i|>1$ 极点 z_i 在 z 平面的单位圆外，时间响应为发散振荡的，如图 2.1.8 中①。

②$|z_i|=1$ 极点 z_i 在 z 平面的单位圆上，时间响应为等幅振荡的，如图 2.1.8 中②。

③$|z_i|<1$ 极点 z_i 在 z 平面的单位圆内，时间响应为衰减振荡的，如图 2.1.8 中③、④和⑤。

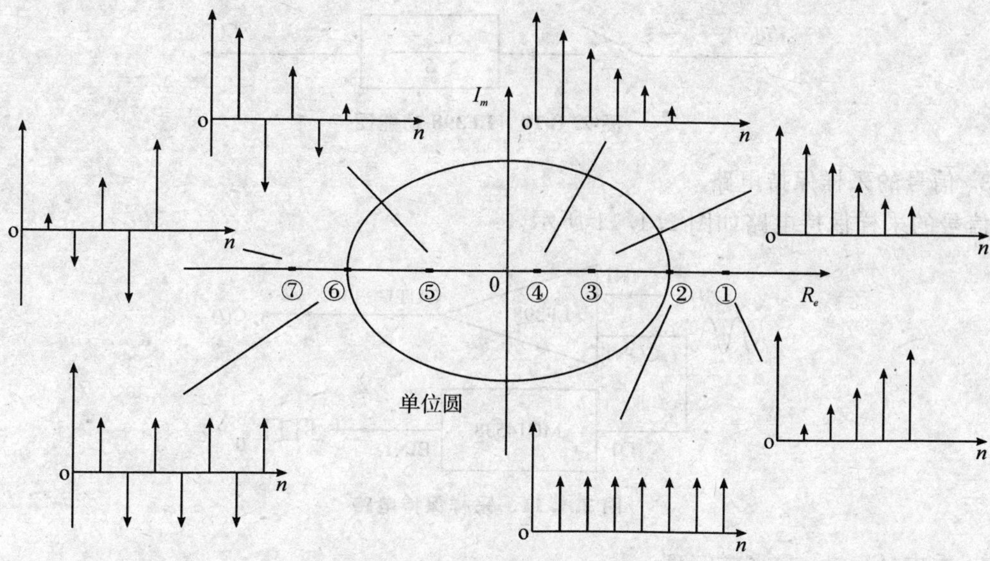

图 2.1.8　不同复根的时域响应

因此：

(1)闭环极点在单位圆内是稳定的。

(2)闭环极点在右半圆内靠近实轴和原点时，动态性能好，振荡频率低而且超调量小。

(3)闭环极点应尽量避免在左半圆内，尤其不要靠近实轴。

三、采样、保持原理和 LF398 简介

1. "采样一保持器"组件 LF398

"采样一保持器"组件 LF398，它具有将连续信号离散后以零阶保持器输出信号的功能。其管脚连接如图 2.1.9 所示，采样周期 T 等于输入至 LF398 八脚的脉冲周期，此脉冲由多谐振荡器发生的方波经单稳电路产生，改变多谐振荡器的周期，即改变采样周期。

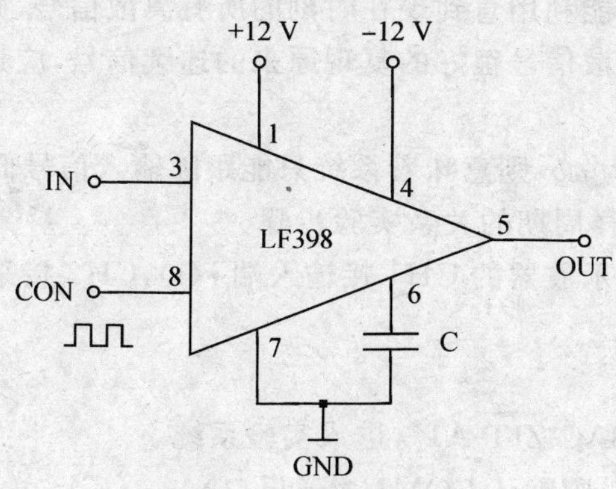

图 2.1.9　LF398 连接图

2. 采样一保持器功能的原理方框图

LF398 采样一保持器功能的原理方框图如图 2.1.10 所示。

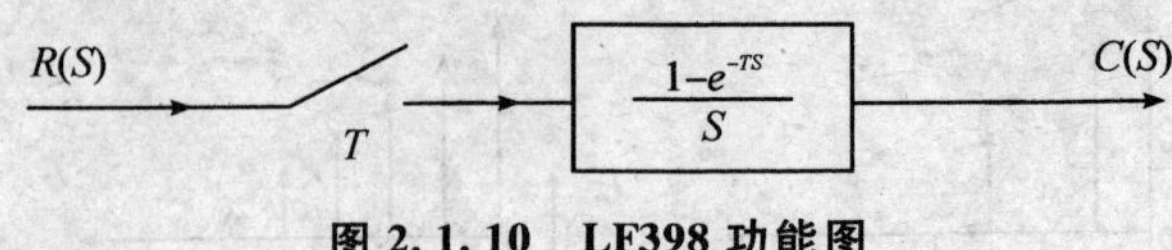

图 2.1.10　LF398 功能图

3. 信号的采样保持电路

信号的采样保持电路如图 2.1.11 所示。

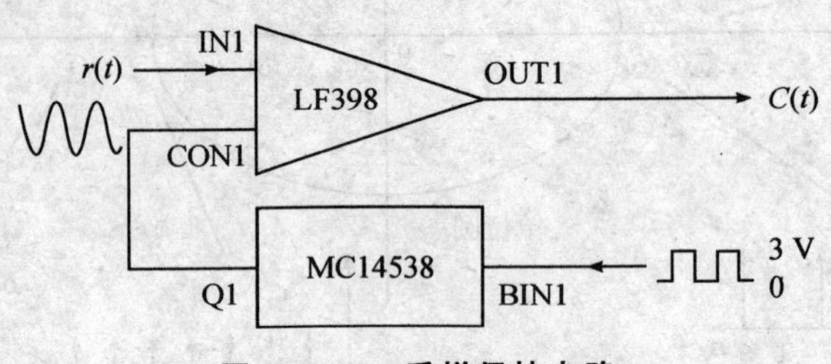

图 2.1.11　采样保持电路

4. 香农(Shannon)采样定理

连续信号 $r(t)$ 经采样器采样后变为离散信号 $r'*(t)$，香农采样定理指出，离散信号 $r'*(t)$ 可以完满地复原为连续信号的条件为：

$$\omega s \geqslant 2\omega_{max} \quad 2.1-1$$

式中 ωs 为采样角频率，$\omega s=2\pi/T$，（T 为采样周期），ω_{max} 为连续信号 $X(t)$ 的幅频谱 $|X(j\omega)|$ 的上限频率。式 2.1－1 也可表示为：

$$T \leqslant \pi/\omega_{max} \quad 2.1-2$$

若连续信号 $r(t)$ 是角频率为 $\omega_{max}=2\pi\times(1/300\ \text{ms})=\pi/150\ \text{kHz}$ 的正弦波，它经采样后变为 $r*(t)$，则 $r*(t)$ 经保持器能复原为连续信号的条件是：采样周 $T\leqslant\pi/\omega s$（其中 $\omega s=\omega_{max}$）。所以：

$$T \leqslant \pi/(\pi/150)=150\ \text{ms} \quad 2.1-3$$

香农采样定理给出的是根据离散信号复现原来的连续信号所要求的采样频率的下限，为了恢复在采样点间的连续信号，原则上可利用在时间轴上的所有离散信号。

但是，实时控制系统只能利用直到现在时刻的所有离散信号，而不能利用将来时刻的离散信号。因此，要使采样的离散信号很好的复现原来的连续信号，应选择 ωs 远大于 $2\omega_{max}$。工程上常采用 $\omega s\geqslant 10\omega_{max}$。

如果闭环系统的频带为 ωb，则意味着系统只能跟随输入信号低于 ωb 的频率成分。

5. 信号采样保持与采样周期的关系实验步骤

①按图 2.1.3 接线，将示波器的 CH1 接输入端 $r(t)$，CH2 接采样脉冲。将放电短路子接“HDC”。

②打开实验箱电源。

③启动计算机，运行“SAC-ZJT-A1”，进入实验系统。

④选择串口（如不选择，则默认 COM1 为通讯口）。

⑤选择“自控实验”，点击“采样系统分析”。

⑥点击“启动显示”，打开实验界面。

⑦点击“运行”，调节正弦信号峰峰值为 4 V，周期为 300 ms；采样脉冲幅度为 2.5～3 V，周期为 30 ms。

⑧示波器的 CH1 接输入端 $r(t)$，CH2 接 $C(t)$，同时观测波形的输入和输出，此时输出波形和输入波形一致。

⑨示波器的 CH1 接采样脉冲，CH2 接 $C(t)$，按表 2.1.1 改变采样周期，观察并记录输出波形。

表 2.1.1　信号采样保持与采样周期的关系实验记录

采样周期 T(ms)	LF398 的输入、输出波形
30	
150	
300	

四、闭环采样控制系统原理

1. 闭环采样控制系统的原理方框图

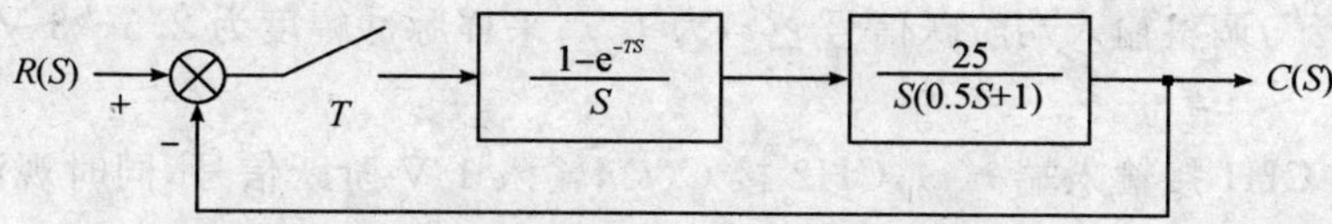

图 2.1.12　闭环采样控制系统的原理方框图

2. 开环传递函数

$$Z\left(\frac{25(1-e^{-TS})}{S^2(0.5S+1)}\right)=25(1-z^{-1})Z\left(\frac{1}{S^2(0.5S+1)}\right)$$

$$=\frac{12.5((2T-1+e^{-2T})z+(1-e^{-2T}-2Te^{-2T}))}{(z-1)(z-e^{-2T})} \qquad 2.1-4$$

3. 闭环传递函数

$$\frac{C(z)}{R(z)}=\frac{12.5((2T-1+e^{-2T})z+(1-e^{-2T}-2Te^{-2T}))}{z^2+(25T-13.5+11.5e^{-2T})z+(12.5-11.5e^{-2T}-25e^{-2T})} \qquad 2.1-5$$

4. 特征方程式：

$$z^2+(25T-13.5+11.5e^{-2T})z+(12.5-11.5e^{-2T}-25e^{-2T})=0 \qquad 2.1-6$$

从式 2.1－6 知道，特征方程式的根与采样周期 T 有关，若特征根的模均小于 1，则系统稳定，若有一个特征根的模大于 1，则系统不稳定，因此系统的稳定性与采样周期 T 的大小有关。

5. 闭环采样系统电路

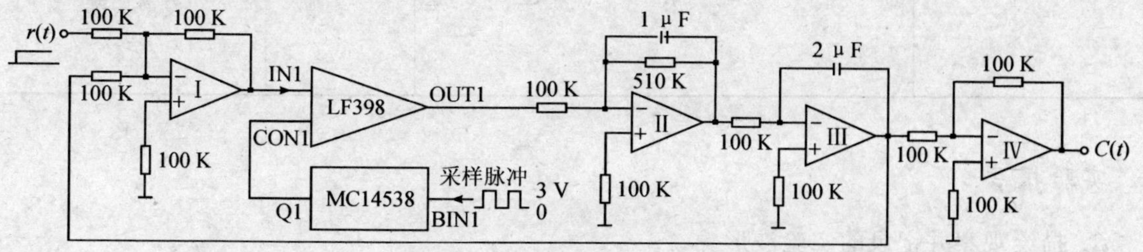

图 2.1.13　闭环采样系统电路

6. 闭环采样控制系统的实验曲线

闭环采样控制系统的稳定性及实验曲线与系统的采样周期有关，采样周期不同，将出现发散振荡、等幅振荡和衰减振荡三种情况，如图 2.1.14 所示。

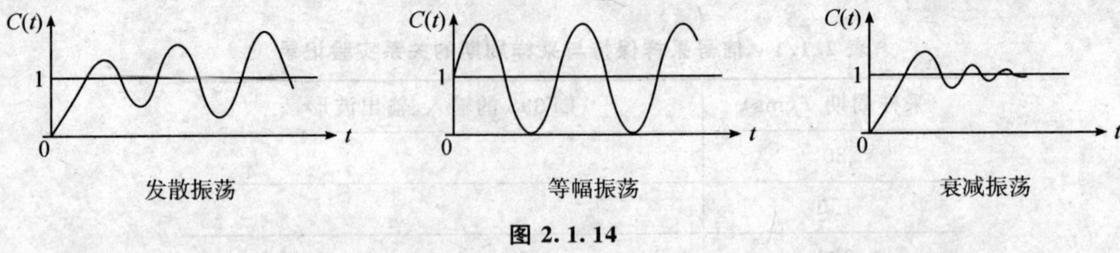

图 2.1.14

7. 采样系统的稳定性及瞬态响应实验步骤

①按图 2.1.13 接线。将数字示波器的 CH1 接输入端 $r(t)$，CH2 接采样脉冲。

注：用连续阶跃信号输入时放电短路子接"AUTO"，用手动阶跃信号输入时放电短路子接"HDC"。

②点击"运行"，调整输入端阶跃信号 $r(t)$ 为 1 V；采样脉冲幅度为 2.5～3 V，周期约为 30 ms。

③示波器的 CH1 接输入端 $r(t)$，CH2 接 $C(t)$，输入 1 V 阶跃信号，同时观测输入和输出波形，调节采样周期，使输出波形等幅振荡。

④示波器的 CH1 接采样脉冲，CH2 接 $C(t)$，输入 1 V 阶跃信号，按表 2.1.1 的要求改变采样周期，观察并记录输入、输出波形。

表 2.1.2 闭环采样系统实验记录

采样周期 T(ms)	响应曲线	Mp(%)	稳定性
			衰减振荡
(参考：30 ms)		/	等幅振荡
		/	发散振荡

五、实验报告

1. 描绘观察并记录的实验波形。
2. 根据实验结果论述信号的采样保持与采样周期的关系。
3. 根据实验结果论述闭环采样控制系统的稳定性及实验曲线与采样周期的关系。

2.2　控制系统的稳定性研究

一、实验目的

1. 观察系统的不稳定现象。
2. 研究系统开环增益和时间常数对稳定性的影响。

二、实验相关理论概述

稳定是系统正常工作的首要条件。一个处于平衡状态的系统，在扰动作用下，会偏离原来的平衡状态，而当扰动消失后，系统又能够逐渐恢复原来平衡状态，称系统是稳定的；否则，称系统不具有稳定性。稳定性是系统去掉外作用后，自身的一种恢复能力，所以是系统的一种固有特性，它只取决于系统的结构参数而与初始条件及外作用无关。

在时域分析法中我们知道，如果系统的闭环极点都有负实部，则系统响应的瞬态分量随时间的增加最终都会衰减为零，这种系统是稳定的；只要系统有一个实部为正的极点，该极点对应的瞬态分量将随时间的增大而发散，这种系统是不稳定的；如果系统存在纯虚数极点，该极点对应的瞬态分量为等幅振荡，这种系统称为临界稳定系统，它是事实上的不稳定系统。图 2.2.1 给出了平面上闭环极点(特征根)的位置与稳定性的关系。

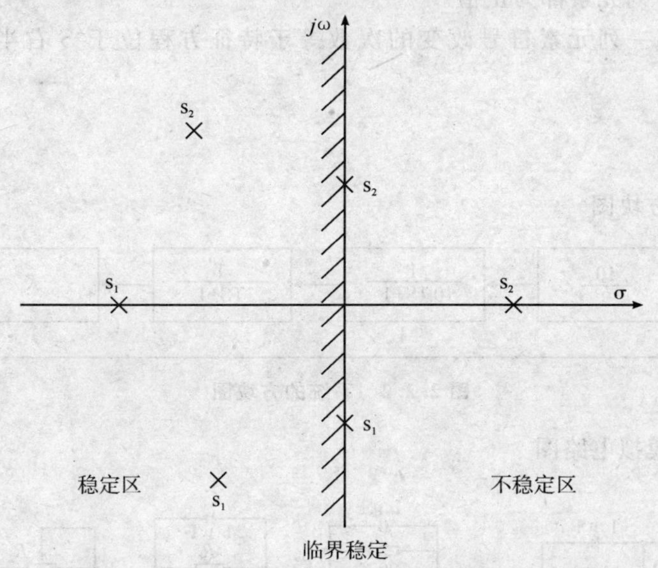

图 2.2.1　S 平面上闭环极点位置与系统的稳定性

综上所述，线性系统稳定的充分必要条件是：系统的闭环极点均是有负实部或者说系统的全部闭环极点(特征根)均位于 S 的左半平面。

代数分析法分析系统的稳定通常用两种代数稳定判别。即劳斯稳定判据和赫尔维茨稳定判据。这两种判据都是根据代数方程的各项系数，来确定方程是有正实部根数目的一种代数方法。我们这里只讨论劳斯判据，

劳斯判据依据：

设线性方程为：

$$a_0 s^n + a_1 s^{n-1} + a_2 s^{n-2} + a_3 s^{n-3} + \cdots + a_n = 0$$

将其系数排列成劳斯表：

$$\begin{array}{lllll}
S^n & a_0 & a_2 & a_4 & \cdots \\
S^{n-1} & a_1 & a_3 & a_5 & \cdots \\
S^{n-2} & \dfrac{a_1 a_2 - a_0 a_3}{a_1} = b_1 & \dfrac{a_1 a_4 - a_0 a_5}{a_1} = b_2 & \dfrac{a_1 a_6 - a_0 a_7}{a_1} = b_3 & \cdots \\
s^{n-3} & \dfrac{b_1 a_3 - a_1 b_2}{b_1} = c_1 & \dfrac{b_1 a_5 - a_1 b_3}{b_1} = c_2 & \dfrac{b_1 a_7 - a_1 b_4}{b_1} = c_3 & \cdots \\
\vdots & \vdots & \vdots & & \\
s^2 & e_1 & e_2 & & \\
s^1 & f_1 & & & \\
s^0 & g_1 & & &
\end{array}$$

劳斯表共有$(n+1)$行，它的前两行元素是由特征方程的系数直接构成，从第三行开始的元素，是根据前两行元素按照一定的计算方法得到的。为了简化数据运算，可用一个正整数去除或乘某一行的各项，这时并不改变稳定性的结论。

劳斯判据的内容如下：

(1)特征方程的根都位于 S 平面左半部的充分必要条件是：

①特征方程式各项系数都为正值。

②劳斯表中第一列元素都为正值。

(2)劳斯表中第一列元素符号改变的次数等于特征方程位于 S 右半平面根（正根）的数目。

三、实验电路图

1. 实验系统的方块图

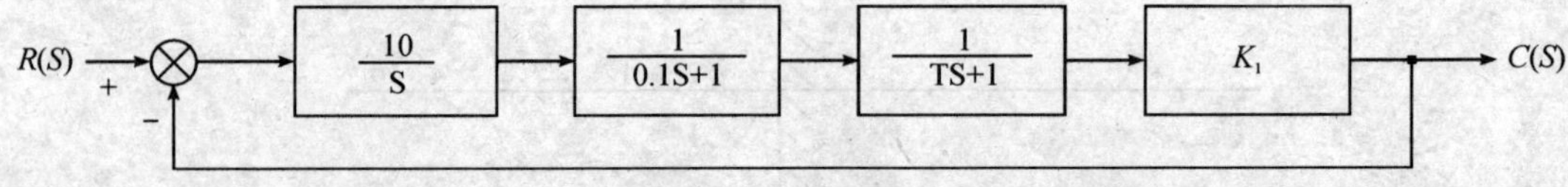

图 2.2.2　系统的方块图

2. 实验系统的模拟电路图

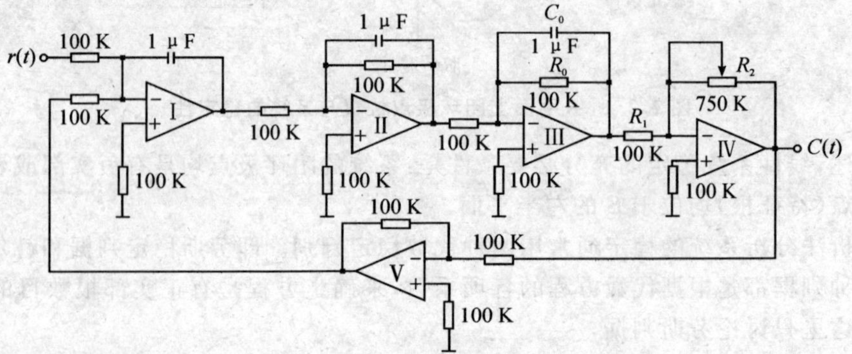

图 2.2.3　典型三阶系统的模拟电路

3. 系统的传递函数

开环传递函数为：$G(S)=\dfrac{10K_1}{S(0.1S+1)(TS+1)}$

闭环传递函数为：$\Phi(S)=\dfrac{10K_1}{S(0.1S+1)(TS+1)+10K_1}$

其中：　$K1=R2/R1$、 $R1=100$ K、 $R2=0\sim470$ K；

$T=R_0C_0$　$R_0=100$ K、 $C_0=1\ \mu$f(或 $C_0=0.1\ \mu$f)两种情况。

系统的阶跃响应

①增幅振荡

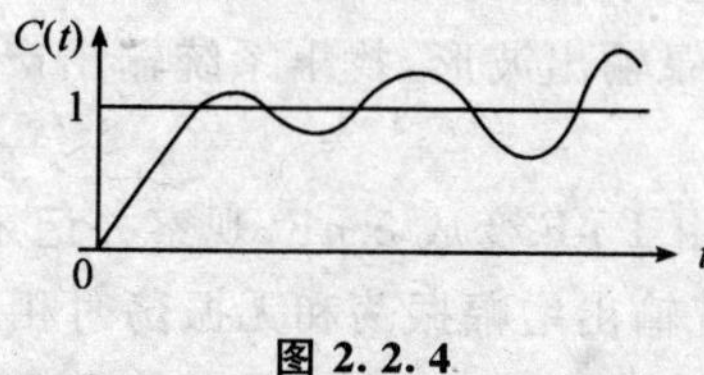

图 2.2.4

②等幅振荡

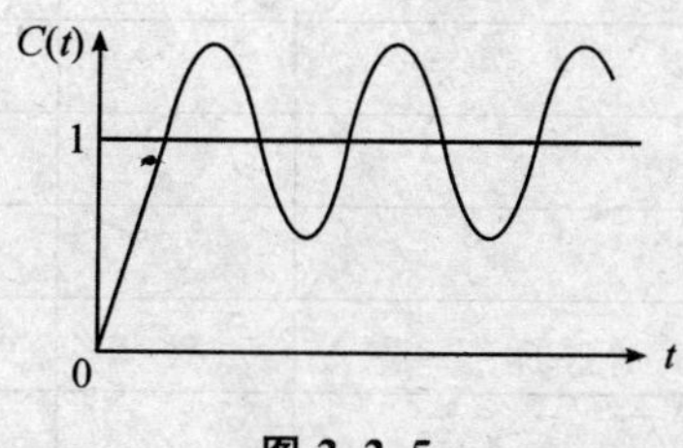

图 2.2.5

③减幅振荡

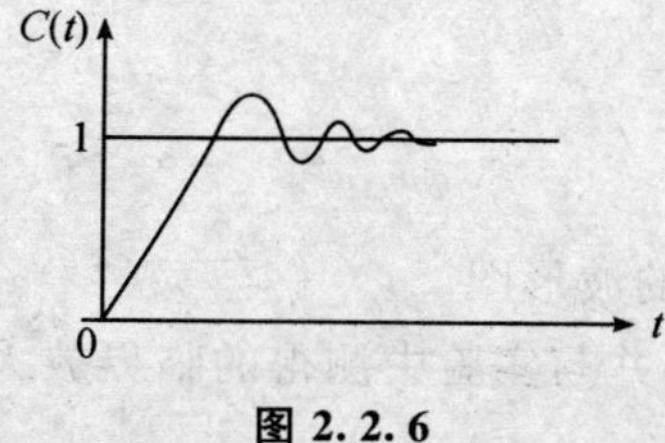

图 2.2.6

④无振荡

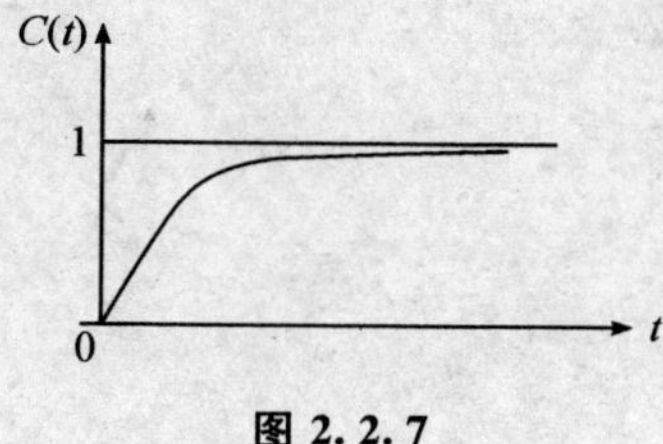

图 2.2.7

四、实验步骤

1. 按图 2.2.3 所示模拟电路接线，输入端 $r(t)$ 接阶跃信号，并与数字示波器 OSC 的 CH1

连接,CH2 接输出端 $C(t)$。

注:用连续阶跃信号输入时放电短路子接“AUTO”,用手动阶跃信号输入时放电短路子接“HDC”。

2. 打开实验箱电源。

3. 启动计算机,运行“SAC-ZJT-A1”,进入实验系统。

4. 选择串口(如不选择,则默认 COM1 为通讯口)。

5. 选择“自控实验”,点击“控制系统的稳定性研究”。

6. 点击“启动显示”,打开实验界面。

7. 点击“运行”,观察并调整输入阶跃为 1 V。

8. 调整电位器 R_2,观察并记录输出波形,找出系统输出产生等幅振荡时相应的 R_2 值,填入表 2.2.1 中。

9. 在等幅振荡情况,电容 C 由 1 μF 变成 5 μF,观察并记录系统稳定性的变化。

10. 调整电位器 R_2,记录系统输出增幅振荡和无振荡时相应的 $R2$ 值,填入表 2.2.1 中。

表 2.2.1 控制系统的稳定性研究实验记录

状 态	C	波 形	R_2	K
等幅振荡	1 μF			
	5 μF			
增幅振荡	1 μF			
减幅振荡	1 μF			
无振荡	1 μF			

五、实验报告

1. 画出模拟电路图。

2. 画出系统增幅或减幅振荡的波形图。

3. 计算系统的临界放大系数,并与实验中测得的临界放大系数相比较。

第三章　设计性实验

3.1　非线性控制系统分析

一、实验目的

1. 培养学生模拟研究非线性系统的技能，并了解相轨迹的画法。

2. 熟悉和掌握用相平面法分析非线性系统。

二、实验相关理论概述

1. 向平面的基本概念

二阶系统一般可用下列微分方程描述：

$$\ddot{x}+f(x,\dot{x})=0$$

如果取 x 和 $\dot{x}$ 构成坐标平面，则系统的每一个状态均对应于该平面上的一个点，这个平面称为相平面。当 t 变化时，这一点在 $x-\dot{x}$ 平面上描绘出的轨迹，表征系统状态的演变过程，该轨迹就叫做相轨迹，如图图 3.1.1。

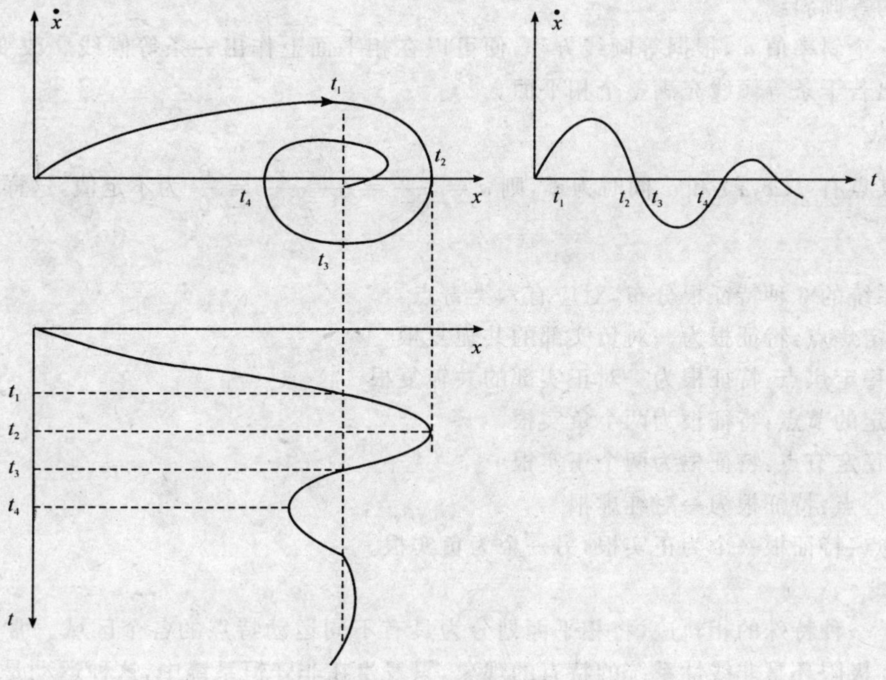

图 3.1.1　相轨迹

2. 相轨迹的绘制方法

1)解析法

当方程不显含 $\dot{x}$ 时，可采用一次积分法求得相轨迹方程来作图，方程为：

$$\ddot{x} + f(x) = 0$$

因为

$$\ddot{x} = \dot{x}\frac{\mathrm{d}\dot{x}}{\mathrm{d}x},$$

$$\dot{x}\mathrm{d}\dot{x} = -f(x)\mathrm{d}x$$

相轨迹方程为：

$$\int \dot{x}\mathrm{d}\dot{x} = -\int f(x)\mathrm{d}x$$

2)等倾线法作图：

由于

$$\ddot{x} = \dot{x}\frac{\mathrm{d}\dot{x}}{\mathrm{d}x}$$

$$\ddot{x} + f(x,\dot{x}) = 0$$

$$\frac{\mathrm{d}\dot{x}}{\mathrm{d}x} = -\frac{f(x,\dot{x})}{\dot{x}}$$

式中 $\mathrm{d}\dot{x}/\mathrm{d}x$ 表示相平面上相轨迹的斜率。若取斜率为常数，则上式可改写成：

$$a = -\frac{f(x,\dot{x})}{\dot{x}} \text{ 或 } \dot{x} = -\frac{f(x,\dot{x})}{a}$$

上式为等倾斜线方程。相平面上经过满足上式各点的相轨迹的斜率都等于 a。若将这些点连成线，(在相平面上，除了系统的奇点之外，在所有的解析点上，令斜率为给定 a)则此线称为相轨迹的等倾斜线。

给定一个斜率值 a，根据等倾线方程，便可以在相平面上作出一条等倾线。改变 a 的值，便可以作出若干条等倾线充满整个相平面。

3. 奇点

若在某点有 $f(x,\dot{x})$ 和 $\dot{x}$ 同时为零，则 $a = \frac{\mathrm{d}\dot{x}}{\mathrm{d}x} = \frac{f(x,\dot{x})}{\dot{x}} = \frac{0}{0}$ 为不定值，这样的特殊点称为奇点

线性系统的 6 种特征根分布，对应有六类奇点：

(1)稳定焦点：特征根为一对负实部的共轭复根

(2)不稳定焦点：特征根为一对正实部的共轭复根

(3)稳定的节点：特征根为两个负实根

(4)不稳定节点：特征根为两个正实根

(5)中心点：特征根为一对纯虚根

(6)鞍点：特征根一个为正实根，另一个为负实根。

4. 奇线

奇线是一种特殊的相轨迹，将相平面划分为具有不同运动特点的各个区域。常见的奇线是极限环。极限环是非线性系统的特有的现象，只发生在非守恒系统中，这种运动是由非线性特性，导致系统的能量交替变化。它与无阻尼线性二阶系统的等幅振荡是不同的。

极限环的三种类型：1. 稳定的极限环，2. 不稳定的极限环，3. 半稳定的极限环。

三、实验内容

1. 用相轨迹分析继电型非线性系统在阶跃信号下的暂态响应和稳态误差

继电型非线性系统原理结构图如图 3.1.2 所示。

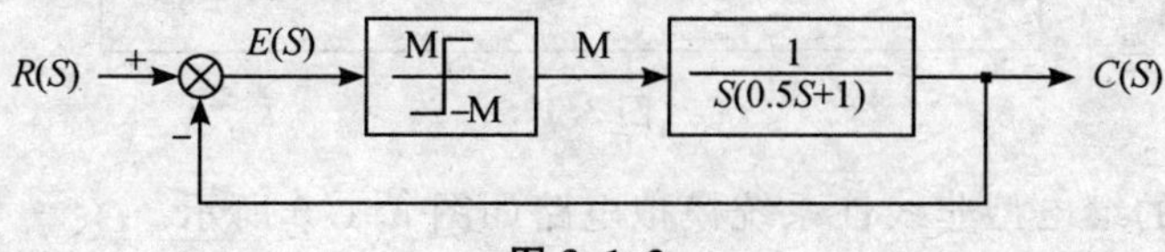

图 3.1.2

其模拟电路如图 3.1.3 所示。

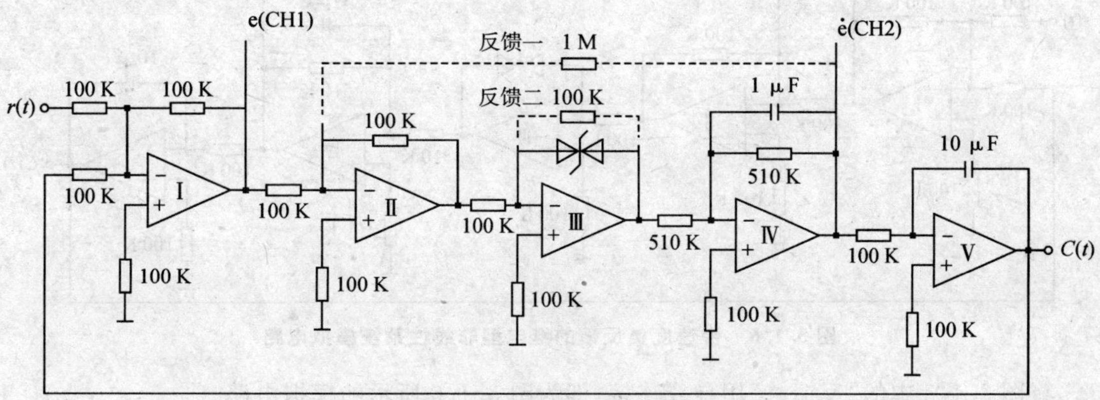

图 3.1.3　继电型非线性系统的模拟电路

图 3.1.3 所示非线性系统用下述方程表示：

$$T\ddot{C} + \dot{C} - KM = 0 \quad (e>0)(1)$$

$$T\ddot{C} + \dot{C} + KM = 0 \quad (e<0)$$

其中 T 为时间常数（$T=0.5$），K 为线性部分开环增益（$K=1$），M 为稳压管稳压值。

采用 e 和 $\dot{e}$ 相平面座标，并考虑以下条件：

$$e=r-c \tag{2}$$

$$r=R\cdot 1(t) \tag{3}$$

有 $\dot{e}=-\dot{c}$ 则式(1)变为：

$$T\ddot{e} + \dot{e} + KM = 0 \quad (e>0)$$

$$T\ddot{e} + \dot{e} - KM = 0 \quad (e<0)$$

入 $T=0.5$，$K=1$，以及所选用稳压管的稳压值 M，应用等倾线法作出当初始条件为：

$e(0)=r(0)c(0)=r(0)=R$ 时的相轨迹，改变 $r(0)$ 值就可得到一簇相轨迹。

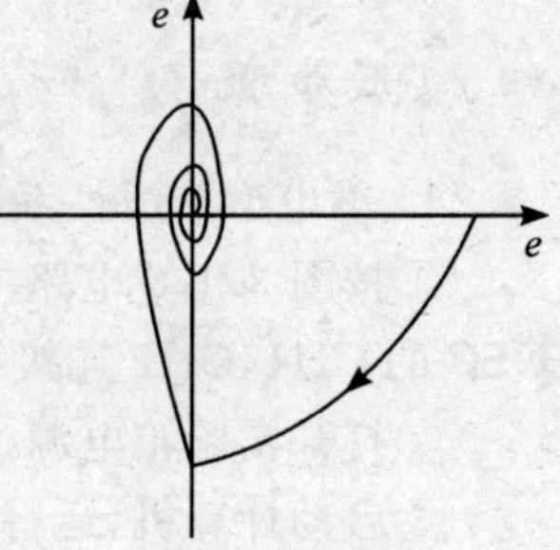

图 3.1.4

继电型非线性系统响应曲线如图 3.1.4 所示。

2. 带速度负反馈的继电型非线性系统原理

带速度负反馈的继电型非线性系统原理结构图如图 3.1.5

所示。

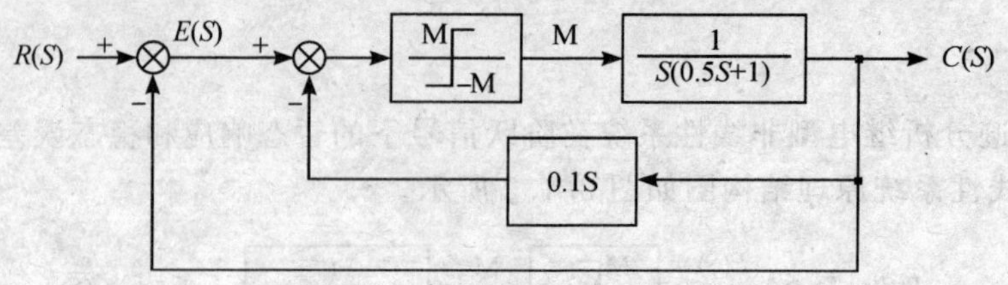

图 3.1.5

带速度负反馈的继电型非线性系统模拟电路如图 3.1.6 所示。

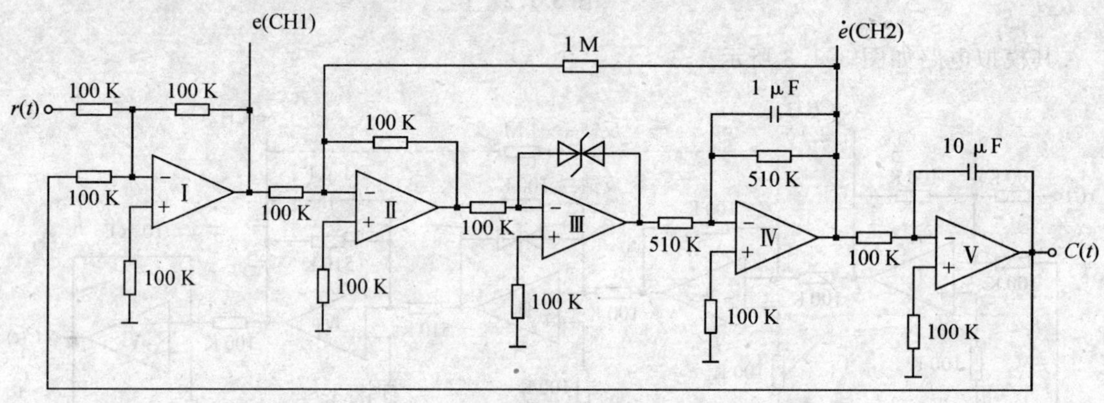

图 3.1.6 带速度负反馈的继电型非线性系统模拟电路

将图 3.1.3 中的“反馈一”用导线连接，即为图 3.1.6 所示的模拟电路。

比较继电型非线性系统不带速度负反馈和带速度负反馈两种情况的相轨迹曲线，可知：采用速度负反馈可减小超调量 Mp，缩短调节时间，减少振荡次数。

带速度负反馈的继电型非线性系统响应曲线如图 3.1.7 所示。

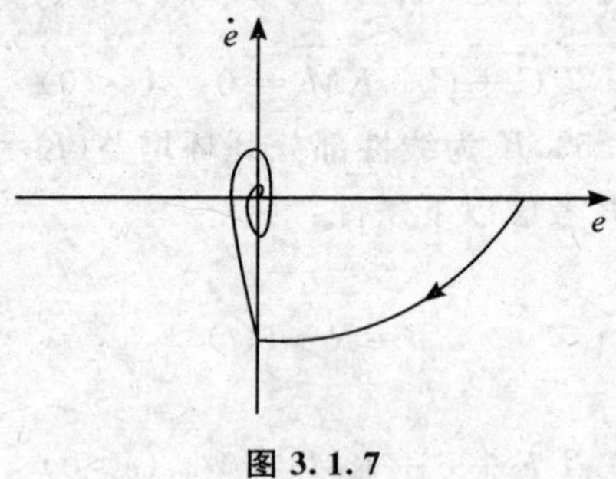

图 3.1.7

四、实验步骤

1. 继电型非线性系统

①按图 3.1.3 电路接线，输入端 $r(t)$ 接阶跃信号，第一级运放的输出端 e 接数字示波器 OSC 的 CH1，CH2 连接第四级运放的输出端。（注：将放电短路子接“HDC”。）

②打开实验箱电源。

③启动计算机，运行“SAC-ZJT-A1”，进入实验系统。

④选择串口(如不选择,则默认 COM1 为通讯口)。

⑤选择"自控实验",点击"非线性控制系统分析"。

⑥点击"启动显示",打开实验界面。

⑦点击"运行",调整阶跃信号幅值为 3～5 V。

⑧按动阶跃信号按钮,观察系统在 e-平面上的相轨迹(注:当显示波形旋转 90°时,将示波器的两个表笔调换一下)。

2. 速度负反馈的继电型非线性系统

将图 3.1.3 所示电路的"反馈一"用导线连接,其他操作同上。

表 3.1.1　非线性控制系统分析实验记录

系统类型	阶跃信号幅值	相轨迹
继电型非线性系统		
速度负反馈的继电型非线性系统		

五、设计内容

1. 参考图 3.1.9 设计一个饱和非线性系统。
2. 分析系统系统在阶跃信号下的暂态响应和稳态误差。

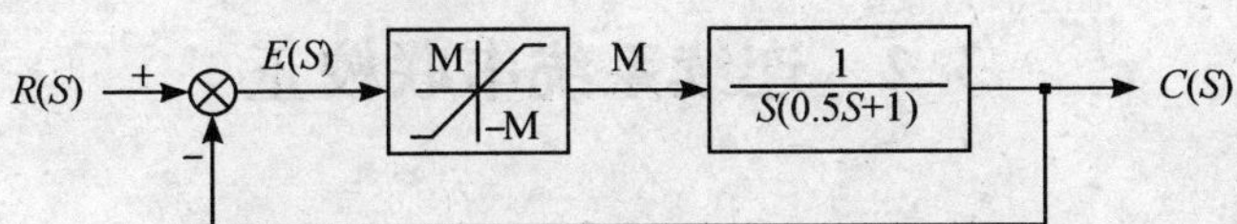

图 3.1.8　饱和非线性系统原理结构图

将图 3.1.3 中的"反馈一和反馈二"用导线连接,即为图 3.1.9 所示的模拟电路。

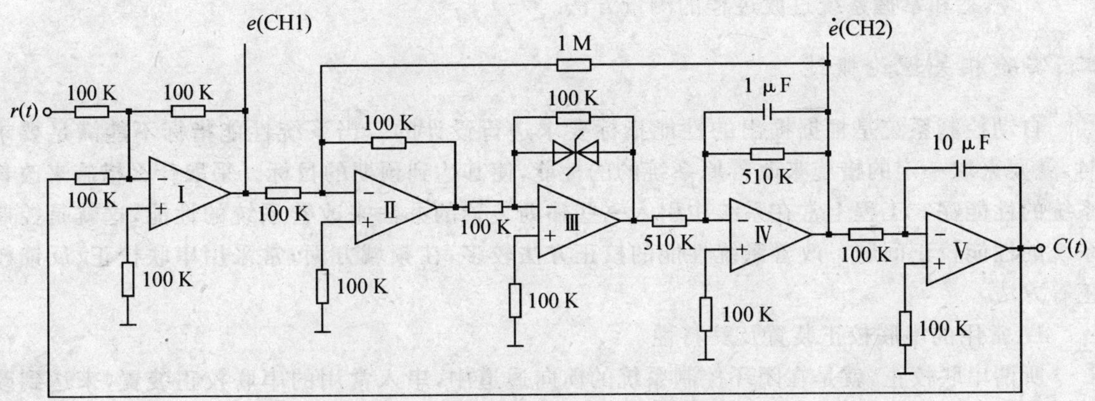

图 3.1.9　饱和非线性系统的模拟电路

图 3.1.9 所示饱和非线性系统由下述方程表示:

$$T e\,\ddot{e} + \dot{e} + Ke = 0 \quad (|e| < e_0\text{,线性区})$$

$$T e\,\ddot{e} + \dot{e} + KM = 0 \quad (e < e_0\text{,非线性区})$$

$$T e \ddot{e} + \dot{e} - KM = 0 \quad (e < -e_0\text{，非线性区})$$

式中 $T=0.5, K=1, e_0=M$

直线 $e=M$ 和 $e=-M$ 将平面(e—)分成三个区域，可在绘出的相轨迹曲线图中进行分析。

在图 3.1.10 所示电路中，由于稳压管的稳压值为 3.6 V，故只有当阶跃信号 $r(t)$ 幅值选择大于 3.6 V 时，系统才能进入非线性区，呈现饱和非线性特性。

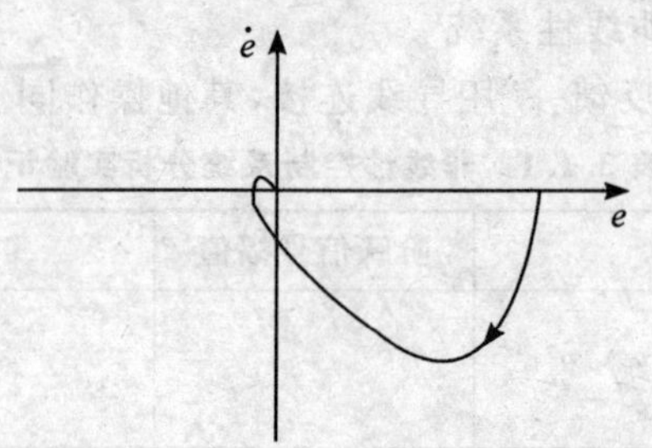

图 3.1.10 饱和非线性系统响应曲线

六、实验报告

1. 画出模拟电路和对应系统的相轨迹图。
2. 比较带速度反馈和不带速度反馈继电型非线性系统的暂态响应。
3. 简述非线性元件对控制系统性能的影响。

3.2 连续系统串联校正

一、实验目的

1. 研究串联校正环节对系统稳定性及过渡过程的影响。
2. 熟悉和掌握系统过渡过程的测量方法。

二、实验相关理论概述

自动控制系统是根据提出的性能指标要求进行设计的。当系统性能指标不能满足要求时，就要采取一定的措施来改善原系统的的性能，使其达到预期的目标。采取什么措施来改善系统的性能呢？工程上常在系统中引入一些辅助装置的办法来改善系统的性能，这就是控制系统的性能校正问题。改善系统性能的校正方法较多，在频域方面，常采用串联校正、反馈校正等方法。

1. 常用的串联校正装置及其特性

所谓串联校正，就是在闭环控制系统的前向通道中，串入常用的串联校正装置，来达到改善系统性能的目的。系统串联校正方式如图 3.2.1 所示。

常用的串联校正装置目前都是采用运算放大器构成的有源网络所组成，它可以克服无源网络易受负载影响的缺点，且体积小，重量轻，参数容易调节等优点，应用很广泛。串联校正装置的类型有：相位超前的超前校正装置，相位滞后的滞后校正装置，相位滞后、超前的滞后一超前校正装置。

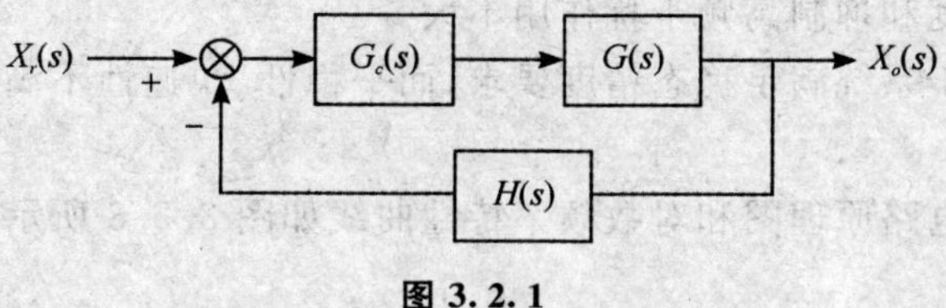

图 3.2.1

2. 超前校正装置

超前校正电路原理图和对数频率特性曲线如图 3.2.2 所示。

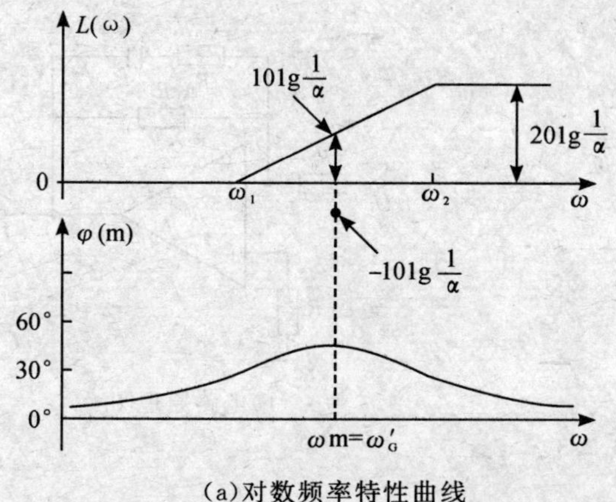

(a)对数频率特性曲线

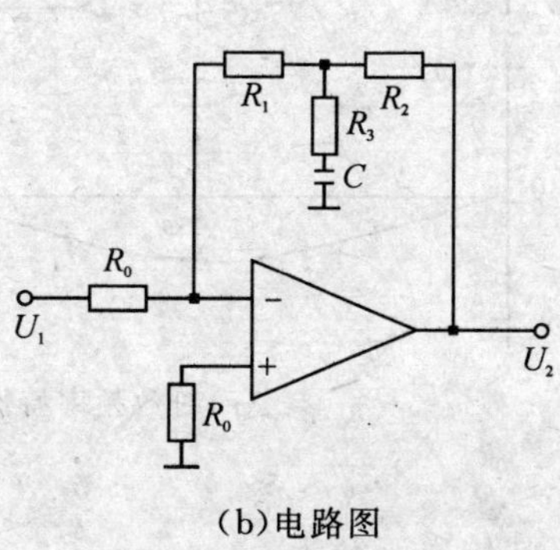

(b)电路图

图 3.2.2

相位超前的超前校正装置

其传递函数为：$G_0(s)=G_0\dfrac{1+T_1 s}{1+T_2 s}=G_0\dfrac{1+\alpha Ts}{1+Ts}$

式中：$G_0=\dfrac{R_1+R_2+R_3}{R_1}>1$ 为增益

$$\alpha=\frac{T_1}{T}=\frac{R_3+R_4}{R_4}$$

则有：$T_1=(R_3+R_4)C\quad T=T_2=R_4C$

最大超前相位角为：

$$\varphi_m=\arcsin\frac{\alpha-1}{\alpha+1}$$

或

$$\alpha=\frac{1+\sin\varphi_m}{1-\sin\varphi_m}$$

最大超前相位角所对应的频率：

$$\omega_m=\frac{1}{\sqrt{\alpha}\cdot T}$$

超前校正的作用与用途：

1)超前校正装置的作用相当于比例一微分(*PD*)的效果。

超前校正装置是利用其相位超前的特点使系统的相位裕量 $\gamma(\omega_c)$ 和截止频率 ω_c 增大，超调量 $\sigma\%$、调节时间 t_s 减小，从而可以提高系统的稳定性、快速性、和平稳性。但是，超前校正对提高系统的稳态精度和抑制高频干扰作用不大。

2)超前校正适用于系统满足稳态精度要求,而平稳性、快速性不满足要求的系统校正。

3. 滞后校正装置

滞后校正装置的电路原理图和对数频率特性曲线如图 3.2.3 所示。

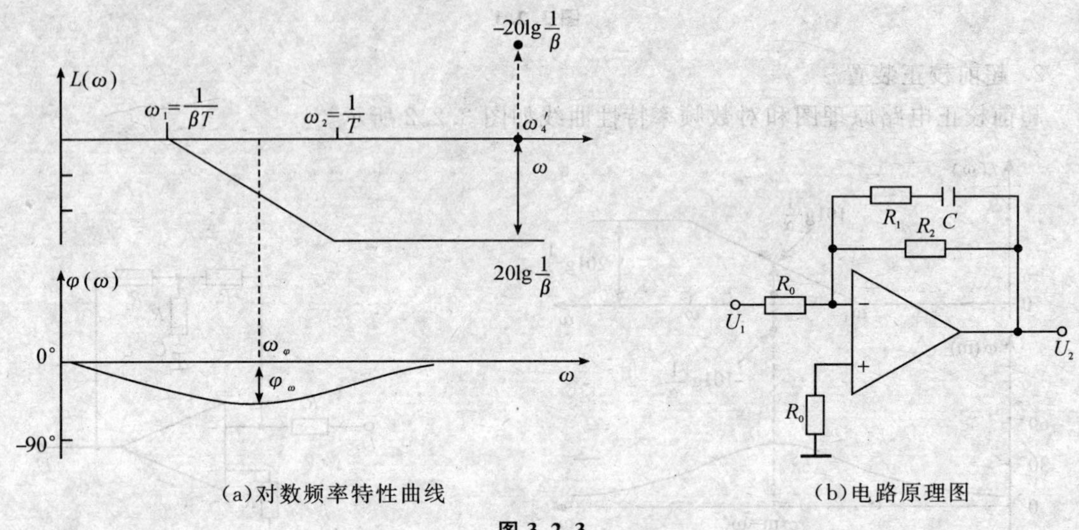

(a)对数频率特性曲线　　(b)电路原理图

图 3.2.3

其传递函数为:

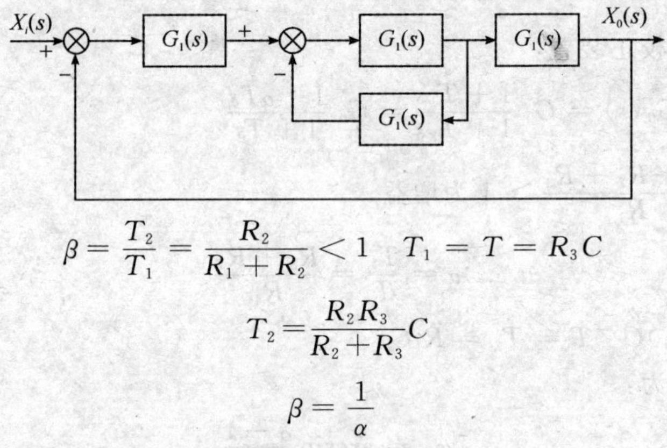

$$\beta=\frac{T_2}{T_1}=\frac{R_2}{R_1+R_2}<1 \quad T_1=T=R_3C$$

$$T_2=\frac{R_2R_3}{R_2+R_3}C$$

$$\beta=\frac{1}{\alpha}$$

最大滞后相位角:$\varphi_m=\sin\frac{\beta-1}{\beta+1}$ 或 $\beta=\frac{1+\sin\varphi_m}{1-\sin\varphi_m}$

最大滞后相位角对应的频率:

$$\omega_m=\frac{1}{\sqrt{\beta}\cdot T}$$

滞后校正装置的作用和用途:

1)滞后校正的作用相当于比例一积分(PI)校正。

2)滞后校正装置是利用其相位滞后的特点,可以使控制系统的超调量 σ %减小,稳态精度提高,从而改善系统的准确性和平稳性。但是,滞后校正对系统的快速性有影响(即滞后校正会使系统的截止频率 ω_c 减小,调节时间 t_s 增大)。

3)滞后校正适用于动态响应满足要求,需要提高稳态精度的控制系统校正。

4. 滞后一超前校正装置

滞后一超前校正装置的电路原理图和对数频率特性曲线如图 3.2.4 所示。

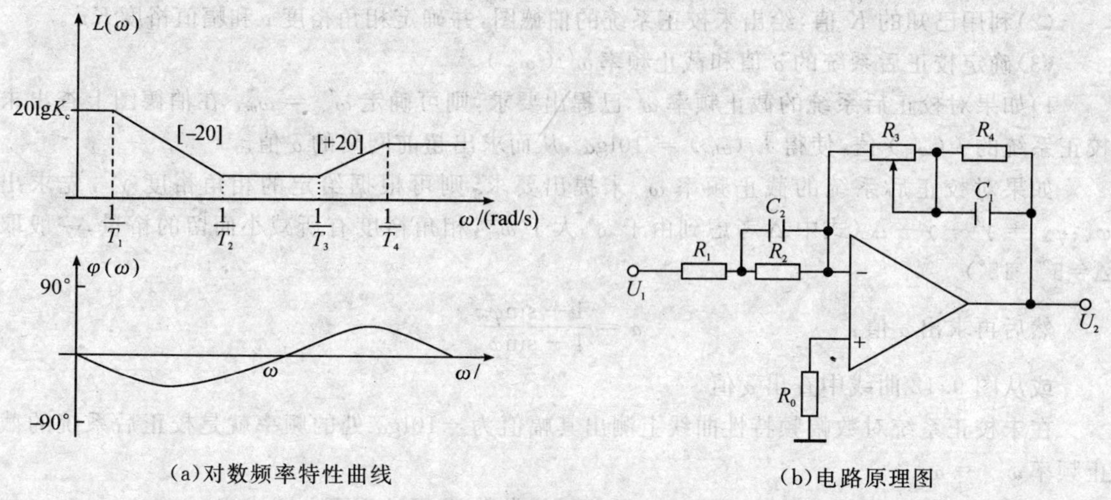

(a)对数频率特性曲线　　　(b)电路原理图

图 3.2.4

其传递函数为：

$$G_c(s) = G_0 \frac{(1+T_2 s)(1+T_3 s)}{(1+T_1 s)(1+T_4 s)} = G_0 \frac{(1+\beta T_1 s)(1+\alpha T_4 s)}{(1+T_1 s)(1+T_4 s)}$$

式中：$G_0 = \dfrac{R_2+R_3}{R_1}$，$T_1 = R_2 C_1$，$T_2 = \dfrac{(R_2 R_3)}{R_2+R_3} C_1$，$T_3 = (R_3+R_4)C_2$，$T_4 = R_4 C_2$，$R_0 = R_1 \geqslant R_3$，$T_1 > T_2 > T_3 > T_4$，$\beta = \dfrac{1}{\alpha} < 1$

最大滞后相位角：

$$\varphi_m = \sin \frac{\beta - 1}{\beta + 1}$$

最大滞后相位角对应的频率：

$$\omega_m = \frac{1}{\sqrt{\beta} \cdot T}$$

最大超前相位角为：

$$\varphi_m = \arcsin \frac{\alpha - 1}{\alpha + 1}$$

最大超前相位角所对应的频率：$\omega_m = \dfrac{1}{\sqrt{\alpha} \cdot T}$

零相位频率：$\omega_0 = \dfrac{1}{\sqrt{T_3 T_2}}$

滞后一超前校正装置的作用和用途：

1)滞后一超前校正装置相当于比例一积分一微分(PID)校正效果。

2)滞后一超前校正利用其低频相位滞后、高频相位超前，使系统的性能得到全面的改善，即低频相位滞后(具有积分作用)可提高系统的稳态精度，高频相位超前可改善系统的相位裕量 $\gamma(\omega_c)$、截止频率 ω_c、超调量 $\sigma\%$、调节时间 t_s 等动态性能。

3)滞后一超前校正适用于性能需要全面校正的控制系统。

5. 用频率特性法设计串联校正装置的一般步骤：

(1)根据给定的系统稳态误差要求，确定系统的开环增益 K。

(2)利用已知的 K 值，绘出未校正系统的伯德图，并确定相角裕度 ν 和幅值裕度 Kg。

(3)确定校正后系统的 α 值和截止频率 ω'_c(ω_m)。

1)如果对校正后系统的截止频率 ω'_c 已提出要求，则可确定 $\omega'_c = \omega_m$。在伯德图上查出未校正系统的 $L(\omega'_c)$ 值，使得 $L_c(\omega_m) = 10\lg\alpha$，从而求出超前网络的 α 值。

如果对校正后系统的截止频率 ω'_c 未提出要求，则可根据给定的相角裕度 γ'，先求出 φ_m：$\varphi_m = \gamma' - \gamma + \Delta$(式中 Δ 考虑到由于 ω'_c 大于 ω_c，相角裕度有所减小而留的裕量，一般取 $\Delta = 5° \sim 15°$)。

然后再求出 α 值：
$$\alpha = \frac{1 + \sin\varphi_m}{1 - \sin\varphi_m}$$

或从图 9.12 曲线中查出 α 值。

在未校正系统对数幅频特性曲线上测出其幅值为 $-10\lg\alpha$ 处的频率就是校正后系统的截止频率 $\omega'_c = \omega_m$。

确定校正装置的传递函数。校正装置的时间常数 T 可按以下公式求出：
$$T = \frac{1}{\sqrt{\alpha}\omega_m}$$

并以此写出校正装置的传递函数为：
$$\frac{1}{G_0}G_c(s) = \frac{1 + aTs}{1 + Ts}$$

由于有源相位超前网络兼有放大作用，应考虑 G_0 在内，使校正后系统开环增益 $K = G_0$。

(4)画出校正后系统的伯德图，并校验系统是否满足给定的指标要求。如果校正后系统满足了给定指标要求，校正工作结束。如果不符合要求，则需从第 3 步起再一次选取定 ω'_c(或 φ_m)，一般是使 $\omega'_c = \omega_m$(或 $\varphi_m = \gamma' - \gamma + \Delta$)值增大，直到满足全部性能指标。

(5)根据超前网络的参数 α、T 值，计算其元件值。

三、系统模拟电路图及传递函数

1. 串联超前校正

(1)联超前校正系统方框图

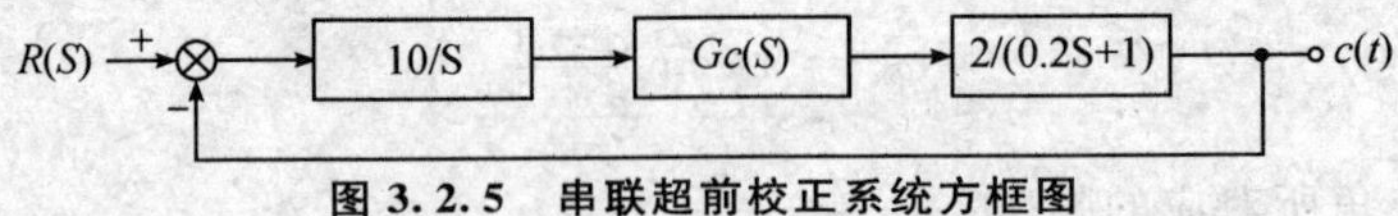

图 3.2.5 串联超前校正系统方框图

(2)串联超前校正系统模拟电路图

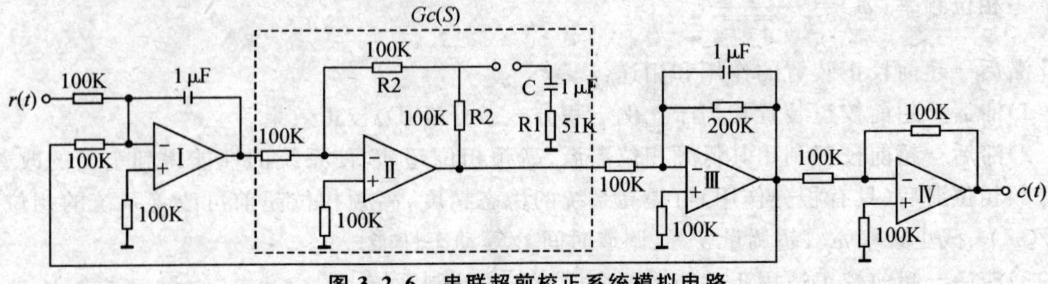

图 3.2.6 串联超前校正系统模拟电路

(3)串联超前校正系统传递函数

图 3.2.6 中开关 K 断开对应未校正,开关 K 闭合对应超前校正。

K 断开时:

$$Gc(s)=Gc1(S)=2$$

K 闭合时:

$$Gc(S)=Gc2(S)=\frac{2R_1CS+R_2CS+2}{R_1CS+R_2CS+1}=\frac{2(0.055S+1)}{0.105S+1}$$

(4)串联超前校正系统波形

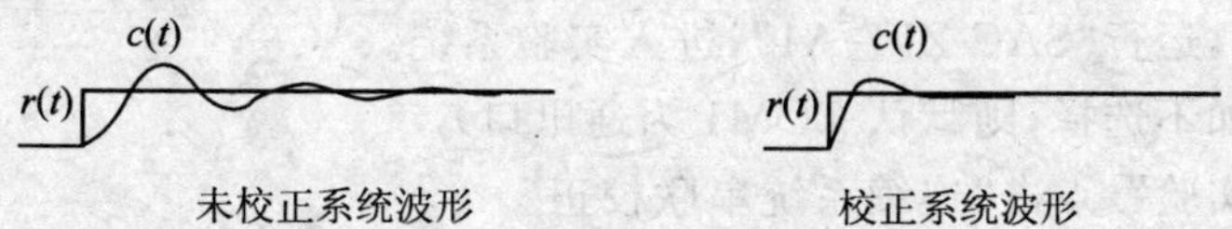

图 3.2.7　串联超前校正系统波形

2. 串联滞后校正

(1)串联滞后校正方框图

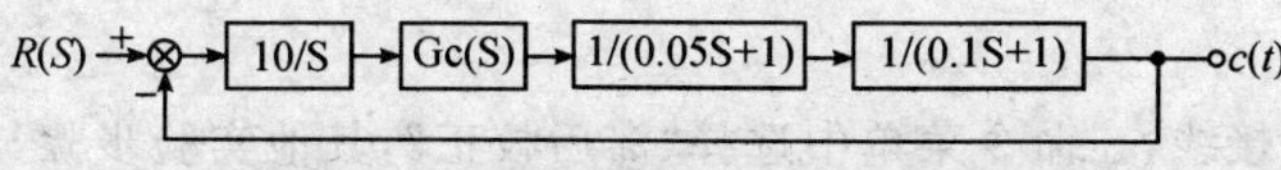

图 3.2.8　串联滞后校正系统方框图

(2)串联滞后校正系统模拟电路图

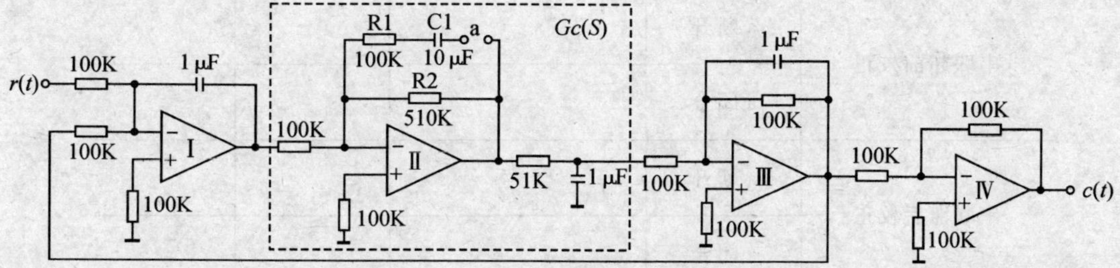

图 3.2.9　串联滞后校正系统模拟电路

(3)串联滞后校正系统传递函数

图 3.2.9 中不接 a,对应未校正,接通对应滞后校正。

K 断开时:$Gc(S)=Gc_1(S)=5$

K 闭合时:

$$Gc(S)=Gc1(S)=\frac{R_2(R_1C_1S+1)}{R_1(R_1C_1S+R_2C_1S+1)}=\frac{5(S+1)}{6S+1}$$

(4)串联滞后校正系统波形同图 3.2.10。

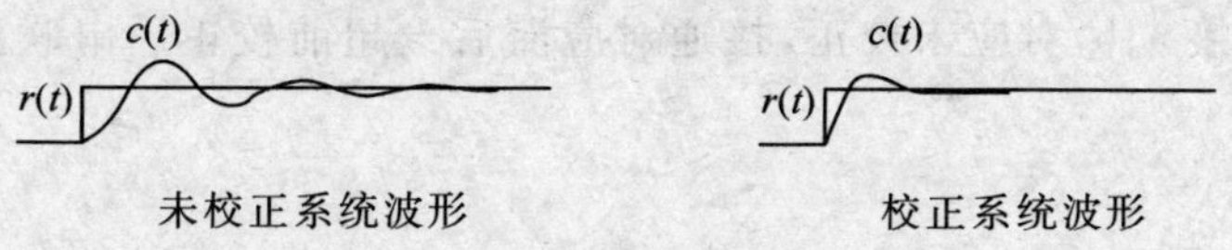

图 3.2.10

四、实验步骤

1. 串联超前校正

(1)按图 3.2.6 所示模拟电路接线,a 断开,输入端 $r(t)$接阶跃信号,并与数字示波器 OSC 的 CH1 连接,CH2 连接输出端 $C(t)$。

注:用连续阶跃信号输入时放电短路子接“AUTO”,用手动阶跃信号输入时放电短路子接“HDC”。

(2)打开实验箱电源。

(3)启动计算机,运行“SAC-ZJT-A1”,进入实验系统。

(4)选择串口(如不选择,则默认 COM1 为通讯口)。

(5)选择“自控实验”,点击“连续系统串联校正”。

(6)点击“启动显示”,打开实验界面。

(7)点击“运行”,观察并调整输入阶跃为 1 V。

(8)观察系统阶跃响应曲线,记录超调量 $MP\%$和调节时间 t_s,填入表 3.2.1 中。

(9)接通 a,重复操作步骤,比较 a 接通和 a 断开的响应曲线有何差别。

2. 串联滞后校正

按图 3.2.9 电路接线,在命令菜单中选择“滞后校正”,其他实验步骤与超前校正类似

表 3.2.1 连续系统串联校正实验记录

校正类型	a 状态	响应曲线	超调量 $M_P\%$	调节时间 t_s
串联超前校正	a 断开			
	a 闭合			
串联滞后校正	a 断开			
	a 闭合			

五、设计内容

参考图 3.2.11 设计一个串联滞后－超前校正系统。分析系统闭环传递函数的特征方程根的位置对系统的影响。

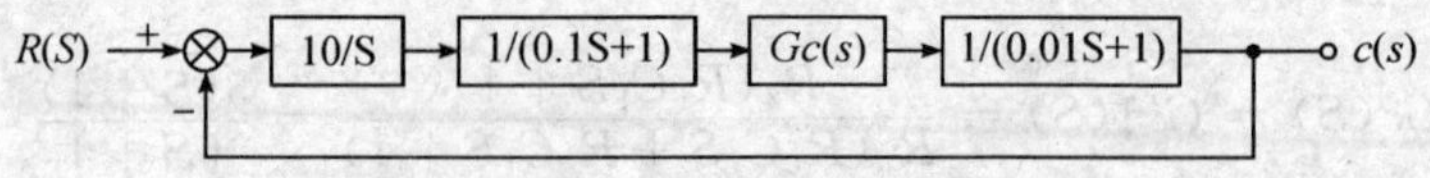

图 3.2.11 串联滞后—超前校正系统方框图

图 3.2.12 中不接 a、b,对应未校正,接通对应滞后－超前校正。串联滞后—超前校正系统传递函数:

K 断开时:$Gc(S)=Gc_1(S)=5$

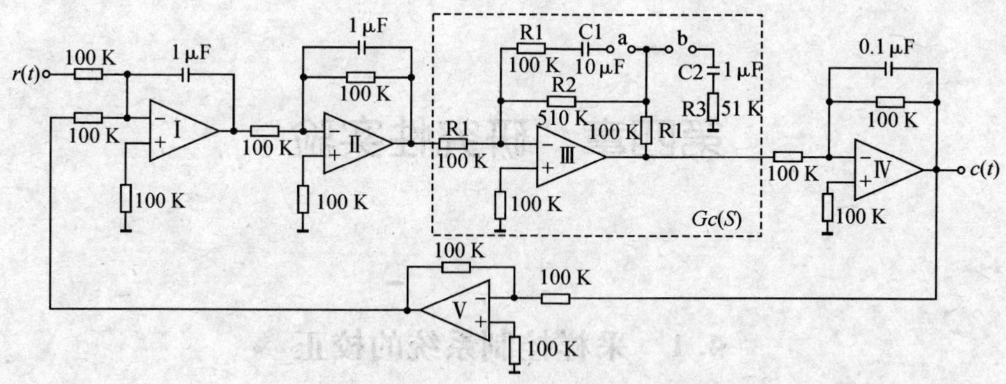

图 3.2.12　串联滞后—超前校正系统模拟电路

K 闭合时：

$Gc(S)=Gc2(s)$

$$=\frac{(R_1R_2+2R_2R_3+R_1R_3)C_1C_2S^2+(\frac{R_2R_3}{R_1}C_2+2R_2C_1-R_1C_1+R_2C_2+R_3C_2)S+1+\frac{R_2}{R_1}}{(R_1R_2+R_2R_3+R_1R_3)C_1C_2S^2+(R_1C_1+R_2C_2+R_2C_1+R_3C_2)S+1}$$

$$=\frac{5(1.8375S+1)(0.0925S+1)}{(5.328S+1)(0.122S+1)}$$

串联滞后－超前校正系统波形同图 3.2.13。

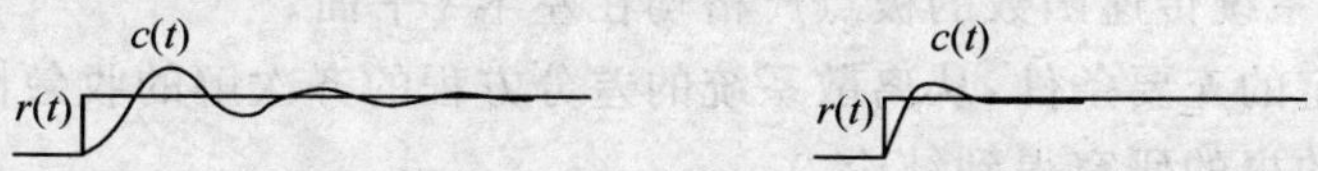

图 3.2.13　串联滞后－超前校正

表 3.2.2　串联滞后－超前校正实验记录

校正类型	a、b 状态	响应曲线	超调量 M_P%	调节时间 t_s
串联滞后－超前校正	a、b 断开			
	a、b 闭合			

六、实验报告

1. 画出所做实验的模拟电路图，系统结构图。
2. 给出校正前后的 MP% 和 t_s。
3. 分析串联超前校正、滞后校正、串联滞后－超前校正对系统性能的影响。

第四章 研究性实验

4.1 采样控制系统的校正

一、实验目的

根据性能指标设计串联校正装置，验证校正后的系统是否满足期望性能指标。

二、实验相关理论概述

4)离散系统的稳定性定义：若离散系统在有界输入序列的作用下，其输出序列也是有界，则称该离散系统是稳定的。

5)线性定常连续系统稳定的充要条件：系统齐次方程的解是收敛的，或者系统特征方程根均具有负实部，或者系统传递函数的极点严格均在左半 s 平面。

6)离散系统稳定的充要条件：从离散系统的差分方程的齐次解的收敛性，或者从 z 域中离散系统的特征方程的根的研究得到结论。

7)时域中离散系统稳定的充要条件：

设线性定常差分方程如式 4.1-1 所示，即：

$$c(k)+a_1c(k-1)+a_2c(k-2)+\cdots+a_nc(k-n)=b_0r(k)+b_1r(k-1)+\cdots+b_nr(k-m) \tag{4.1-1}$$

其齐次差分方程为：

$$c(k)+a_1c(k-1)+a_2c(k-2)+\cdots+a_nc(k-n)=0$$

设通解为 Ap^k，代入齐次方程，得：

$$Ap^k+a_1Ap^{k-1}+a_2Ap^{k-2}+\cdots+a_nAp^{k-n}=0$$

或 $Ap^k(1+a_1p^{-1}+a_2p^{-2}+\cdots+a_np^{-n})=0$

因 $Ap^k\neq 0$，故必有

$$1+a_1p^{-1}+a_2p^{-2}+\cdots+a_np^{-n}=0$$

以 p^n 乘以上式，得差分方程的的特征方程如下：

$$p^n+a_1p^{n-1}+a_2p^{n-2}+\cdots+a_n=0$$

设特征方程有不同的特征根，则差分方程的通解为：

$$c(k)=A_1p_1^k+A_2p_2^k+\cdots+A_np_n^k$$

当特征方程的根 $|p_i|<1$ 时，$i=1,2,\cdots,n$，必有 $\lim\limits_{k\to\infty}c(k)=0$ 故系统稳定的条件是：

当且仅当差分方程 4.1－1 所有特征根的模 $|p_i|<1$，$i=1,2,\cdots,n$，相应的线性定常离散系统是稳定的。

1. z 域中离散系统稳定的充要条件

设典型离散系统结构图如下图所示

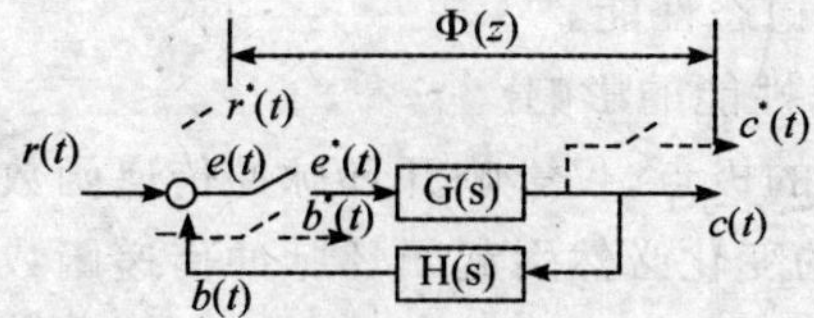

其特征方程为式：$1+GH(z)=0$

设特征方程具有不同的特征根 $z_1, z_2, \cdots z_n$

由 s 面到 z 平面的映射关系

s 平面的左半平面对应的稳定区域：z 平面上单位圆的内部；

s 平面的右半平面对应的不稳定区域：z 平面上单位圆的外部；

s 平面的虚轴对应的临界稳定：z 平面上单位圆周。对应临界稳定情况，属不稳定。

系统稳定的充分必要条件：离散特征方程的全部特征根都在单位圆内，即

$$|z_i| = 1, i = 1, 2, \cdots, n,$$

离散系统的稳定性判据：由特征方程 $1+GH(z)=0$ 的所有根严格位于 z 平面的单位圆内，转换为特征方程 $1+GH(\omega)=0$ 的所有根严格位于左半 ω 平面——ω 域的劳斯稳定判据

朱利稳定判据：

设离散系统 n 阶闭环特征方称为：

$$D(z) = a_0 + a_1 z + \cdots + a_n z^n = 0$$

利用特征方程的系数，按照下列方法构造$(2n-3)$行、$(n+1)$行朱利矩阵

特征方程 $D(z)=0$ 的根，全部严格位于 z 平面上单位圆内的充要条件是：

$$D(z)\big|_{z=1} = D(1) > 0, D(z)\big|_{z=-1} = D(-1)\begin{cases} > 0, n = 2,4,6,\cdots \\ < 0, n = 1,3,5,\cdots \end{cases}$$

以及下列 $n-1$ 个约束条件成立

$|a_0| < a_n$，$|b_0> |b_{n-1}|$，$|c_0| > |c_{n-2}|$，$|d_0| > |d_{n-3}|$，…，$|q_0| > |q_2|$

只有当上述条件均满足时，系统稳定，否则系统不稳定。

采样周期与开环增益对系统稳定性的影响

连续系统的稳定性取决于：开环增益、闭环极点、传输延迟等。

离散系统的稳定性：以上因素，再加上采样周期 T。

(1)当采样周期一定时，加大开环增益会使离散系统的稳定性变差，甚至使系统变得不稳定；

(2)当开环增益一定时，采样周期越长，丢失的信息越多，对离散系统的稳定性及动态性能均不利，甚至可以使系统失去稳定。

应用 z 变换分析线性定常离散系统的方法：时域法、根轨迹法、频域法

2. 离散系统的时间响应：

假定系统的结构和参数已知，外作用为单位阶跃响应 $1(t)$，离散系统的闭环传递函数为，则系统输出量的变换函数为

$$C(z) = \frac{z}{z-1}\Phi(z)$$

用综合除法将上式展成幂级数，通过 z 反变换，求出输出信号的脉冲序列 $C^*(t)$。$C^*(t)$

代表线性定常离散系统在单位阶跃输入作用下的响应过程，根据单位阶跃响应曲线 $C^*(t)$分析线性离散系统的动态性能和稳态性能。

3. 采样器和保持器对动态性能的影响

不影响开环脉冲传递函数的极点，仅影响开环脉冲传递函数的零点，但对闭环离散系统而言，开环脉冲传递函数的零点的变化必然引起闭环脉冲传递函数的极点的变化，影响闭环系统的动态性能。

(1)使系统的峰值时间和调节时间略有减小，但是超调量增大，故采样造成的信息丢失辉降低系统的稳定性。然而，在某些情况下，如具有大延迟环节的系统中，误差采样反而会提高系统的稳定性。

(2)零阶保持器使系统的峰值时间和调节时间都加长，超调量和震荡次数也增加。

4. 闭环极点与动态响应的关系

(1)正实轴上的闭环单极点

设 p_k 为正实数，p_k 对应的瞬态分量为

$$c^*(t)=Z^{-1}\left[\frac{c_k z}{z-p_k}\right]$$

求 z 反变换得：

$$c_k(nT)=c_k p_k^n$$

令 $\alpha=\dfrac{1}{T}\ln p_k$，则上式可写为

$$c_k(nT)=c_k e^{\alpha nT}$$

$p_k>1$，闭环单极点位于 z 平面上的单位圆外的正实轴上，动态响应为按指数规律发散的脉冲序列；

$p_k=1$，闭环单极点位于右半平面上的单位圆上，动态响应为等幅脉冲序列；

$p_k<1$，闭环单极点位于 z 平面上的单位圆内的正实轴上，动态响应为按指数规律收敛的脉冲序列；

(2)负实轴上闭环单极点

设 p_k 为正实数，由式(7-104)可见，当 n 为奇数时，p_k^n 为负；当 n 为偶数时，p_k^n 为正，负实数极点对应的动态响应 $c_k(nT)$ 是交替变号的双向脉冲序列。

$p_k<-1$，闭环单极点位于 z 平面上的单位圆外的负实轴上，动态响应 $c_k(nT)$ 为交替变号发散的脉冲序列；

$p_k=-1$，闭环单极点位于左半平面上的单位圆上，动态响应为交替变号等幅脉冲序列；

$0>p_k>-1$，闭环单极点位于 z 平面上的单位圆内的负实轴上，动态响应为交替变号衰减的脉冲序列，且 p_k 离原点越近，$c_k(nT)$ 衰减越快；

(3)z 平面上的闭环共轭复数极点

设和为一对共轭复数极点，其表达式为

$$p_k,\bar{p}_k=|\ p_k\ |\ e^{\pm j\theta_k}$$

一对共轭复数极点所对应的瞬态分量为

$$c_{k,\bar{k}}^*=Z^{-1}\left[\frac{c_k z}{z-p_k}+\frac{\bar{c_k}z}{z-\bar{p}_k}\right]$$

对上式求 z 反变换的结果为：

$$c_{k,\bar{k}}(nT)=c_k p_k{}^n+\bar{c}_k p_{\bar{k}}^n=c_k e^{a_k nT}+c_{\bar{k}}e^{\overline{a_k nT}}$$

$$=|c_k|e^{j\bar{\omega}_k}e^{(a+j\bar{\omega})nT}+|c_k|e^{-j\bar{\omega}_k}e^{(a-j\bar{\omega})nT}$$

$$=|c_k|e^{anT}\cos(n\omega T+\bar{\omega}_k)$$

$|p_k|>1$,闭环复数极点位于 z 平面上的单位圆外的正实轴上,动态响应为震荡发散的脉冲序列;

$|p_k|=1$,闭环复数极点位于右半平面上的单位圆上,动态响应为等幅震荡脉冲序列;

$|p_k|<1$,闭环复数极点位于 z 平面上的单位圆内的正实轴上,动态响应为震荡收敛的脉冲序列,$|p_k|$ 越小,

即复极点越靠近原点,震荡收敛越快;

三、实验原理

1. 未校正系统

①未校正系统的闭环采样原理方块图为图 4.1.1 所示。

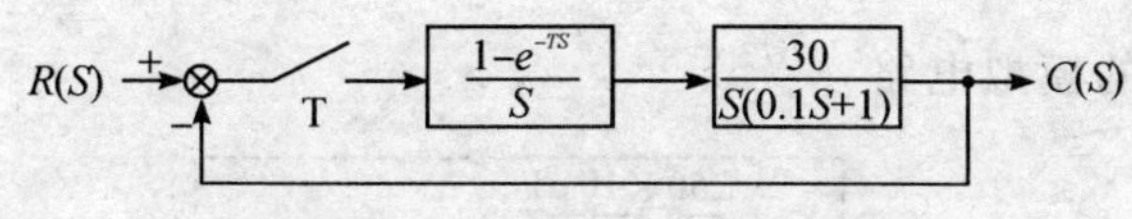

图 4.1.1　校正前采样系统

②期望性能指标

静态误差系数：　$K_v=\lim\limits_{z\to 1}(z-1)GH(z)\geqslant 3$

超调量：　$Mp\leqslant 20\%$

未校正系统的静态误差系数满足期望值,但是该系统不稳定。

②未校正系统的实验电路

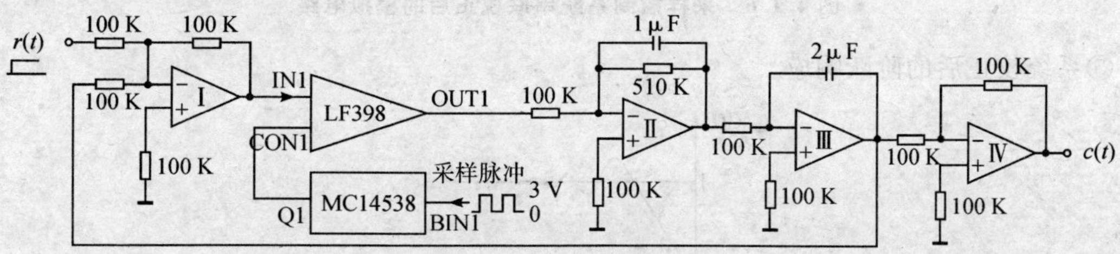

图 4.1.2　校正前实验电路

③未校正系统的临界状态

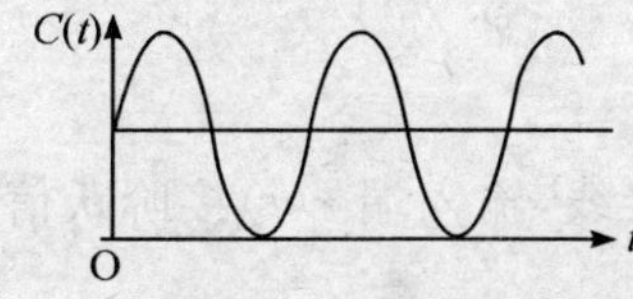

图 4.1.3　未校正系统的临界状态

从示波器上可看出,原采样系统出现等幅振荡,系统不稳定。

2. 串联校正装置

①采用断续校正网络：

$$Gc(S)=\frac{2.5\,S+1}{10\,S+1}$$

②校正网络采用源校正装置

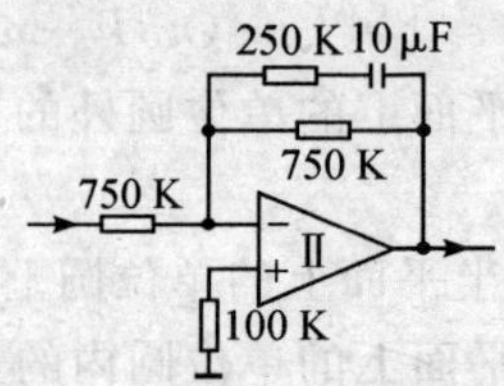

图 4.1.4 源校正装置

③采用串联校正后采样系统的方块图

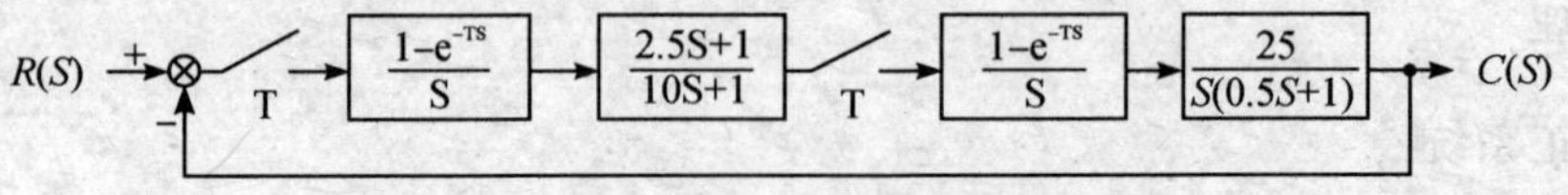

图 4.1.5 串联校正后采样系统的方块图

④系统串联校正后的模拟电路

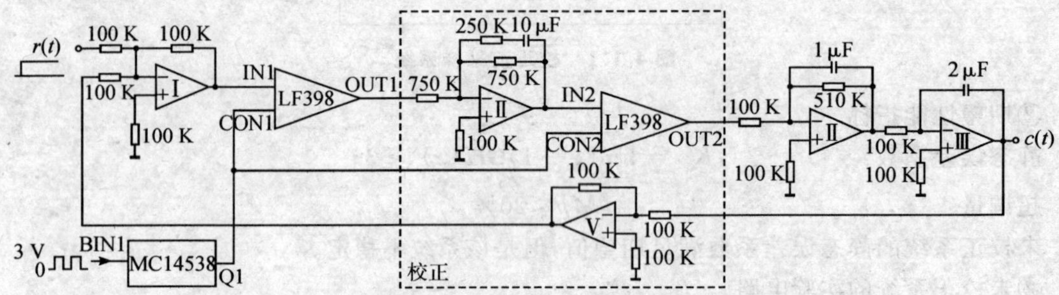

图 4.1.6 采样控制系统串联校正后的模拟电路

⑤系统校正后的阶跃响应

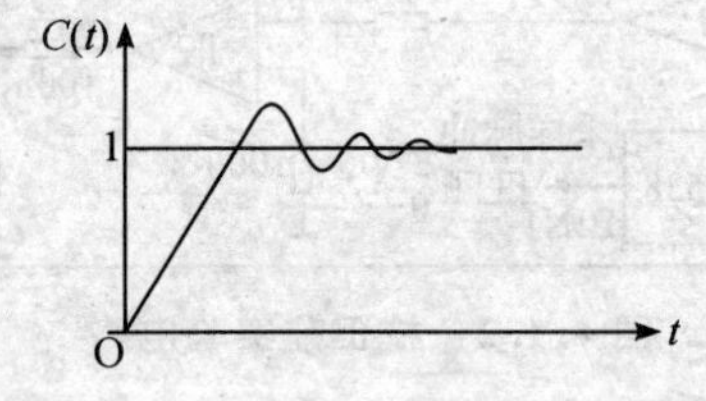

图 4.1.7 系统校正后的阶跃响应

四、实验步骤(参考)

1. 按图 4.1.2 所示模拟电路接线,输入端 $r(t)$ 接阶跃信号、接示波器的 CH1,CH2 连接采样脉冲。

注:用连续阶跃信号输入时放电短路子接“AUTO”,用手动阶跃信号输入时放电短路子接“HDC”。

2. 打开实验箱电源。

3. 启动计算机,运行“SAC-ZJT-A1”,进入实验系统。

4. 选择串口(如不选择,则默认 COM1 为通讯口)。

5. 选择“自控实验”,点击“采样控制系统的校正”。

6. 点击“启动显示”，打开实验界面。

7. 点击“运行”，观察并调整输入阶跃为 1 V，采样脉冲幅度为 2.5～3 V，周期约为 30 ms（使系统出现等幅振荡）。

8. 将示波器的 CH1 接输入端 $r(t)$，CH2 接 $C(t)$，观测未校正系统的阶跃响应，将结果填入表 4.1.1 中。

9. 点击“停止运行”，按图 4.1.6 所示采样控制系统串联校正后的模拟电路接线。

10. 点击“运行”，观测校正后系统的阶跃响应，将结果填入表 4.1.1 中。

表 4.1.1　采样控制系统的校正实验记录

系　统	$T(S)$	$r(t)$—$C(t)$曲线	$Mp(\%)$
未校正系统	0.1		
校正后系统	0.1		

五、研究内容

1. 采样周期的变化会影响系统特征方程根的位置。
2. 采样周期的变化给系统带来的影响可通过较正来消除。

六、实验报告

1. 画出被控对象模拟电路图。
2. 描绘出校正前、后系统的阶跃响应曲线$_P$。
3. 说明校正后的系统是否满足所期望的性能指标。

4.2　状态反馈

一、实验目的

1. 掌握用状态反馈配置极点的方法。
2. 学习状态反馈的设计方法。

二、实验相关理论概述

1. 状态反馈与极点配置

设单输入一单输出受控系统状态方程为

$$\dot{x} = Ax + Bu, y = Cx + Du$$

状态向量 x 通过待设计的参数矩阵，即状态反馈矩阵 k，负反馈至系统参考输入 v，于是有

$$u = v - kx$$

便构成状态反馈系统，其结构见图 4.2.1。

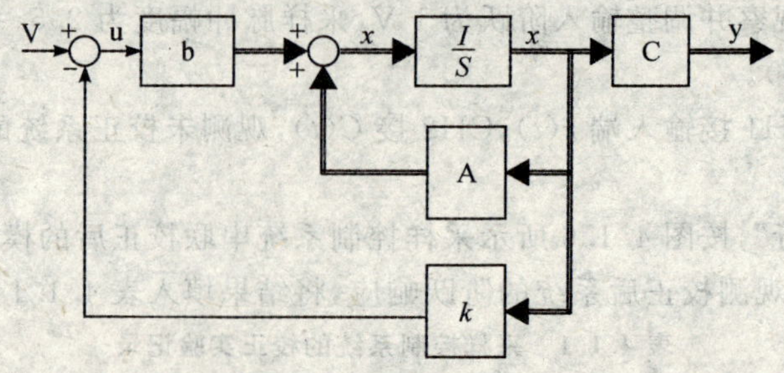

图 4.2.1 状态反馈系统结构图

状态反馈系统动态方程为

$$\dot{x} = Ax + b(v - kx) = (A - bk)x + bv$$

$$y = Cx$$

式中 k 为$(1\times n)$矩阵，$(A-bk)$称为闭环状态阵，闭环特征多项式为$|(\lambda I-(A-bk)|$。

定理 用状态反馈矩阵任意配置极点的充要条件是：受控系统可控。

求状态反馈矩阵的方法和过程：

(1)校验受控系统是否可控，若可控，则存在状态反馈矩阵；否则，状态反馈矩阵不存在；

(2)若状态反馈矩阵存在，计算闭环特征多项式 $|\lambda I-(A-bk)|$，其多项式系数是 k_0，$k_1,\cdots,k_{n-1}$ 的函数，与给定特征配置的相应多项式系数相比较，可确定 k。

输出反馈与极点配置(以多数入－单输出受控对象为例讨论)

单输出反馈至状态微分端时：系统结构图如图 4.2.2 所示。

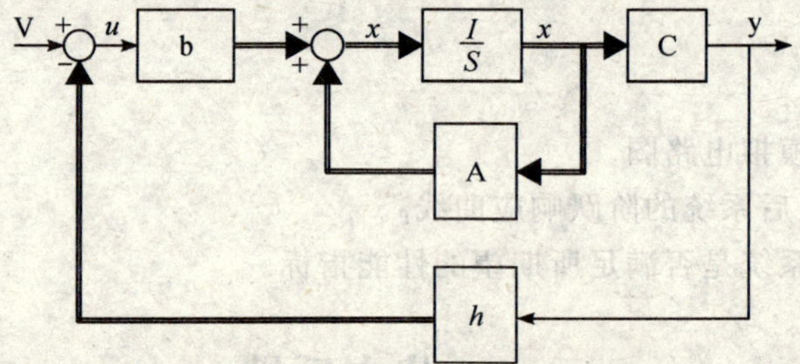

图 4.2.2 输出状态反馈至状态微分

设受控对象动态方程为

$$\dot{x} = Ax + bu, y = cx$$

输出反馈系统的动态方程为

$$\dot{x} = Ax + Bu - hy, y = Cx$$

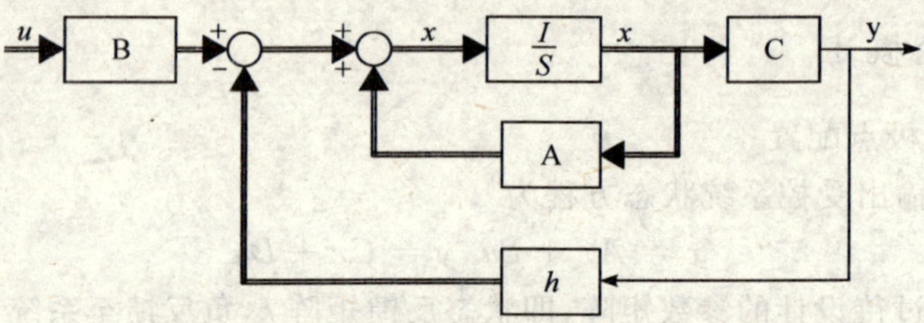

图 4.2.3 输出状态反馈至参考输入

故

$$\dot{x}=(A-hC)x+Bu,y=Cx$$

式中 h 为 $(n\times1)$ 输出反馈阵。

系统结构图如图 4.2.2 所示，输出反馈至参考输入是：

$$u=v-hy$$

输出反馈的动态方程为

$$\dot{x}=(A-BhC)x+Bv,y=Cx$$

式中输出反馈阵 h 为 $(p*1)$ 维。若令 $hC=K$，该输出反馈等价为状态反馈，适当选取 h，可使特征值任意配置。

2. 观测器及其设计

利用受控对象的输入量和输出量，通过状态观测器（又称为状态估计器、状态重构器）来重构状态。当重构状态向量的维数等于受控系统状态向量得维数时，称为全维状态观测器。当状态观测器估计状态向量维数小于受控对象状态向量维数时，称为降维状态观测器。

(1)全维状态观测器及其设计

设受控对象动态方程为

$$\dot{x}=Ax+Bu,y=Cx+Du$$

可构造一个动态方程式与图 5.3.1 相同，当用计算机实现的模拟受控系统

$$\dot{\hat{x}}=A\hat{x}+Bu,\hat{y}=C\hat{x}+Du$$

由于受控系统的输出是可以用传感器测得的，根据一般反馈的原理，利用 $\hat{y}-x$，并反馈至 $\dot{\hat{x}}$，控制 $\hat{y}-x$ 尽快逼近零，从而使 $\hat{x}-x$ 尽快逼近零，这时可以利用来形成状态反馈了。其结构图如图 4.3.4 所示。

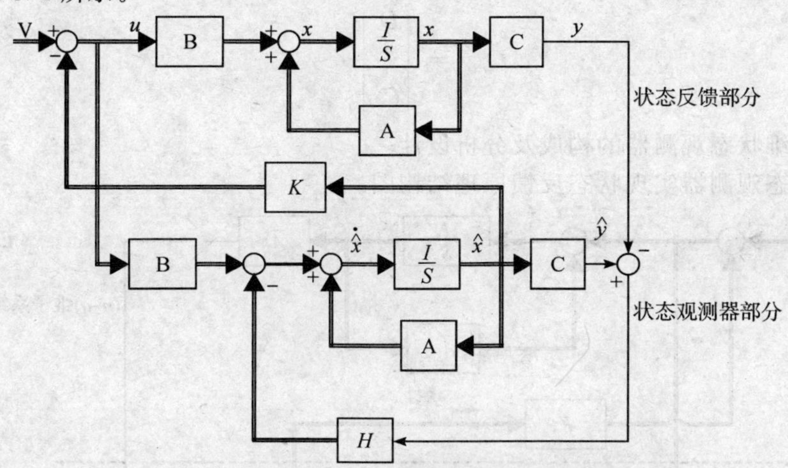

图 4.2.4　用降维状态观测器实现状态反馈原理结构图

全维状态观测器动态方程

$$\dot{\hat{x}}=A\hat{x}+Bu-H(\hat{y}-y),\hat{y}=C\hat{x}$$

故有

$$\dot{\hat{x}}=A\hat{x}+Bu-H(\hat{y}-y)=(A-HC)\hat{x}+Bu+Hy$$

误差状态向量

$$\dot{x}-\dot{\hat{x}}=(A-HC)(x-\hat{x})$$

其解为

$$x-\hat{x}=e^{e(A-HC)(t-t_0)}[x(t_0)-\hat{x}(t_0)]$$

只要$(A-HC)$的特征其具有负实部，初始状态向量误差总会按指数规律衰减。若受控对象可观测，则输出反馈系统的极点可任意配置。

定理若受控系统(A,B,C)可观测，其状态可用形如

$$\dot{\hat{x}}=A\hat{x}+Bu-H(\hat{y}-y)$$
$$\hat{y}=C\hat{x}=(A-HC)\hat{x}+Bu+Hy$$

的全维状态观测其给出估值。

分离定理若受控系统(A,B,C)可控可观测，用状态观测器估值形成反馈时，其系统的极点配置和观测其设计可分别独立进行，即K和H的设计可分别独立进行。

定理用输出反馈至状态微分的反馈任意配置闭环极点的充要条件是：受控系统可观测。

(2)降维状态观测器及其设计

对于q维输出系统，有q个输出变量可直接由传感器测得。而输出变量通常由状态变量的线性组合构成，通过线性变换，使输出变量仅含单个变量独立的状态变量，那么只需估计$(n-q)$个状态变量，称为$(n-q)$维状态观测器。

1. 建立$(n-q)$维子系统动态方程：设可观测子系统动态方程为

$$\dot{x}=Ax+Bu, y=Cx$$

引入非奇异变换

$$x=Q^{-1}\bar{x}$$

式中

$$Q_{nxn}=\begin{bmatrix}D\\ \cdots\\ C\end{bmatrix}\begin{matrix}n-q\text{ 行}\\ \\ q\text{ 行}\end{matrix}$$

（n例）

2.$(n-q)$维状态观测器的构成及分析设计

用降维状态观测器实现状态反馈原理结构图

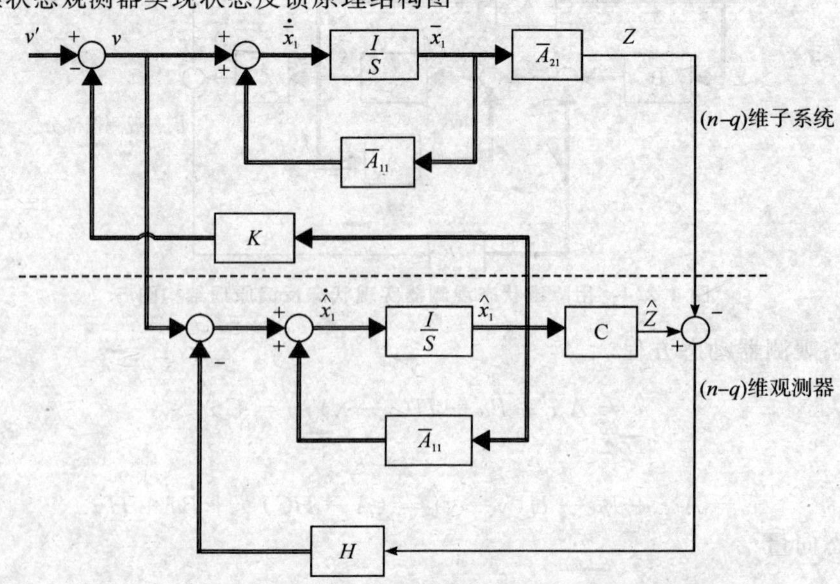

图 4.3.5 用降维状态观测器实现状态反馈原理结构图

降维状态观测器的方程

$$\dot{\hat{\bar{x}}} = \bar{A}_{11}\hat{\bar{x}}_1 + v - H(\hat{z} - z), \hat{z} = \bar{A}_{21}\hat{\bar{x}}_1$$

即

$$\dot{\hat{\bar{x}}} = (\bar{A}_{11} - H\bar{A}_{21})\hat{\bar{x}}_1 + (\bar{A}_{12}\bar{y} + B_1 u) + H(\dot{\bar{y}} - \bar{A}_{22}\bar{y} - B_2 u)$$

特征方程

$$|\lambda I - (\bar{A}_{11} - H\bar{A}_{21})| = 0$$

另选状态变量使状态方程中不含导数，此时设

$$\text{则 } w = \dot{\hat{\bar{x}}}_1 - H\dot{\bar{y}}$$

于是式子变成

$$\dot{w} = (\bar{A}_{11} - H\bar{A}_{21})w + \bar{y} + (B_1 - HB_2)u + [(\bar{A}_{11} - H\bar{A}_{12})H + \bar{A}_{12} - H\bar{A}_{22}]\bar{y}$$

$$\hat{\bar{x}}_1 = w + H\bar{y}$$

此时可不利用 $\dot{\bar{y}}$ 而实现降维状态观测器。由此可见，用作状态反馈的状态向量由两部分组成：

$(n-q)$维状态观测器给出的状态估计值 $\dot{\hat{\bar{x}}}_1$，输出传感器测的状态 $\bar{x}_2 = \bar{y}$，故有

$$\hat{\bar{x}} = \begin{bmatrix} \hat{\bar{x}}_1 \\ \cdots \\ \bar{y} \end{bmatrix} = \cdots \begin{bmatrix} w + H\bar{y} \\ \cdots\cdots \\ \bar{y} \end{bmatrix} = [I_{n-q}\ 0]w + \begin{bmatrix} H \\ I_4 \end{bmatrix}\bar{y} = \begin{bmatrix} I_{n-q} & H \\ 0 & I_q \end{bmatrix}\begin{bmatrix} w \\ \cdots \\ \bar{y} \end{bmatrix}$$

三、实验原理

1. 状态反馈的基本形式

U(S)
U
B
X
S⁻¹
X
C
Y(S)
A
被控对象
反馈控制器
K
+
−
+
+

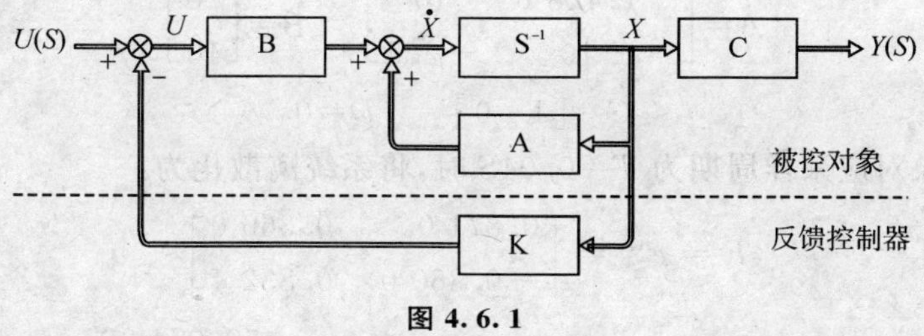

图 4.6.1

2. 被控对象结构框图

U(S)
4/(0.4S+1)
x₂
7/(0.7S+1)
x₁
Y(S)
+
−

图 4.6.2

3. 被控对象模拟电路图

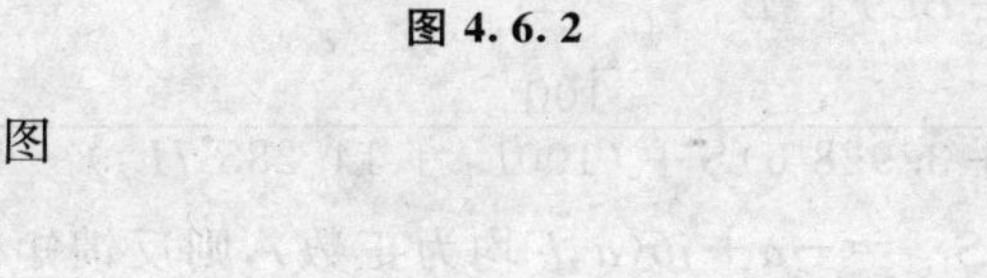

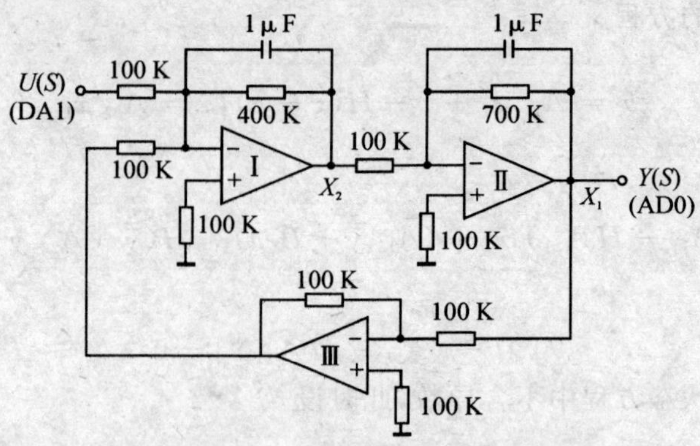

图 4.2.7　状态反馈被控对象模拟电路

①被控对象状态方程

$$\begin{cases} X_2=(U-X_1)\dfrac{4}{0.4S+1} \\ X_1+X_2\ \dfrac{7}{0.7S+1} \end{cases}$$

$$即：\begin{cases} 0.4SX_2+X_2=4U-4X_1 \\ 0.7SX_1+X_1=7X_2 \end{cases}$$

②被控对象的微分方程式

设各状态的初始值均为零，则有微分方程式为：

$$\begin{cases} \dot{X}_1=-1.428\ 6X_1+10X_2 \\ \dot{X}_2=-10X_1-2.5X_2+10U \end{cases}$$

③被控对象的输出方程　$Y=X1$

④被控对象的矩阵式

$$A=\begin{bmatrix} -1.428\ 6 & 10 \\ -10 & -2.5 \end{bmatrix} \quad B=\begin{bmatrix} 0 \\ 10 \end{bmatrix}$$

$$C=[1\quad 0] \qquad D=0$$

⑤当被控对象对应采样周期为 $T=0.04S$ 时，将系统离散化为：

$$F=e^{AT}=\begin{bmatrix} 0.871\ 0 & 0.360\ 0 \\ -0.360\ 0 & 0.832\ 4 \end{bmatrix}$$

$$G=\int_0^T e^{AT}\mathrm{d}\tau B=A^{-1}(e^{AT}-1)B=\begin{bmatrix} 0.074\ 9 \\ 0.370\ 7 \end{bmatrix}$$

4. 反馈矩阵系数 $L1$、$L2$

引入状态反馈后，系统的传递函数为：

$$W(s)=Y[SI-(A+BL)]^{-1}B$$

$$=\frac{100}{S^2+(10L_2+3.928\ 6)S+(100L_1+14.285\ 7L_2)+103.57}$$

若系统的希望极点为 $S_{1,2}=-a+jb$（a，b 均为正数），则反馈矩阵系数 L_1、L_2 可由下式算出：

$$\begin{cases}10L_2+3.9286=2a\\100L_1+14.2857L_2+103.57=a^2+b^2\end{cases}$$

5. 计算举例

若要求二阶系统的自然角频率 $\omega n=8$，阻尼系数 $\xi=0.5$，系统的希望极点为：

$$S1,2=-4+j6.928$$

计算得到反馈矩阵系数 $L1$、$L2$ 为：$[L1\quad L2]=[-0.5461\quad 0.4071]$

6. 状态反馈电路的形式

按 $L1$、$L2$ 系数搭建比例反馈电路，将状态反馈到输入端，如图 4.2.4 所示。

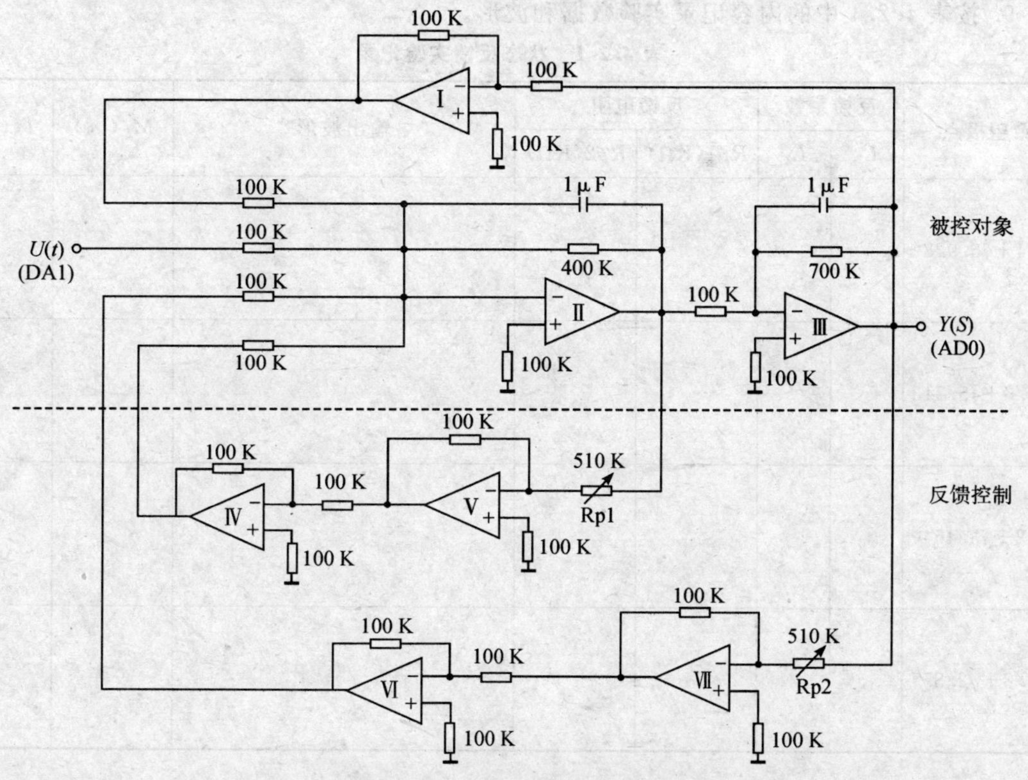

图 4.2.8　状态反馈的模拟电路

7. 状态反馈电路的输出波形

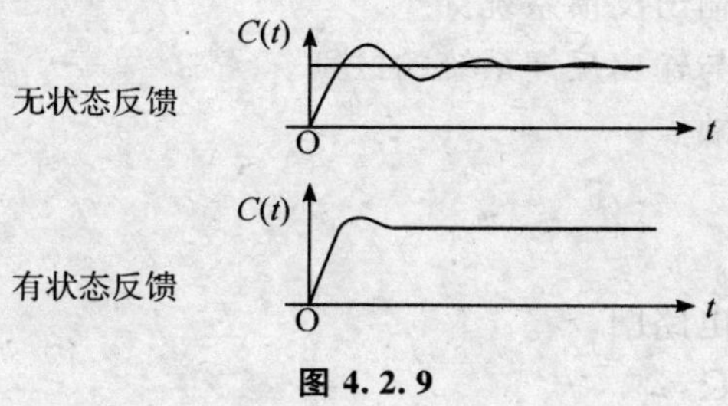

图 4.2.9

三、实验步骤

1. 按图 4.2.8 模拟电路接线，放电短路子接“HDC”，拔掉 J1 短路子。

2. 打开实验箱电源。

3. 启动计算机，运行 SAC-ZJT-A1，进入实验系统。

4. 选择串口(如不选择，则默认 COM1 为通讯口)。

5. 选择“自控实验”，点击“状态反馈及观测器”。

6. 点击“启动显示”，打开实验界面。

7. 按照系统的希望极点来调整 RP1 和 RP2 的值。

8. 选择“状态反馈”命令，点击“运行”，计算机给出阶跃信号，对系统的输出进行采样并显示输出波形。

9. 按表 4.2.1 中的内容记录实验数据和波形。

表 4.2.1 状态反馈实验记录

希望极点	反馈系数		反馈电阻		输出波形	M_P(%)	T_S(ms)
	L_1	L_2	$Rp1$(KΩ)	$Rp2$(KΩ)			
$-4+j6.928$							
$-5.6+j5.713$							
$-2+j3.464$							
$-2.8+j2.857$							

四、研究内容

1. 针对图 4.2.7 分析输出反馈系统。

2. 比较状态反馈系统与输出反馈系统的区别。

3. 说明两种反馈的优缺点。

五、实验报告

1. 画出被控对象模拟电路图。

2. 计算 $Gp(S)$，A，B，C。

3. 计算离散化模拟参数 G，H，并与计算机计算结果比较。

4. 计算系统单位阶跃响应的超调量 $Mp\%$、调节时间 TS(希望值)，并与实时控制结果比较。

4.3　状态观测器

一、实验目的

1. 掌握用状态观测器配置极点的方法。
2. 学习状态观测器的设计方法。

二、实验原理

1. 状态反馈的基本形式

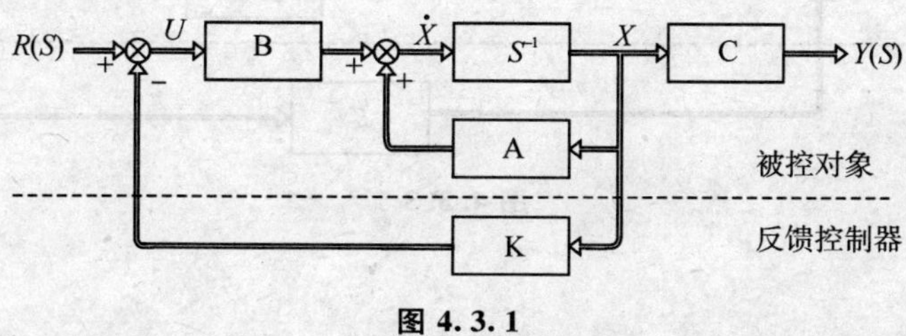

图 4.3.1

2. 状态反馈的模拟电路图

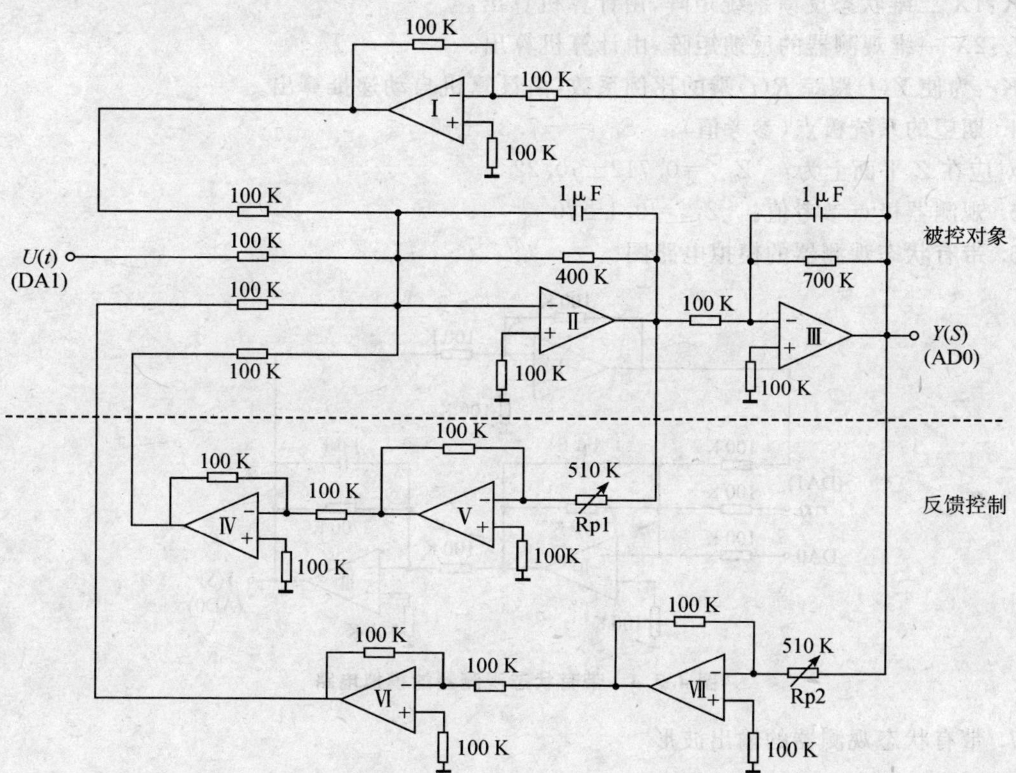

图 4.3.2　状态反馈的模拟电路

3. 状态观测器的基本形式

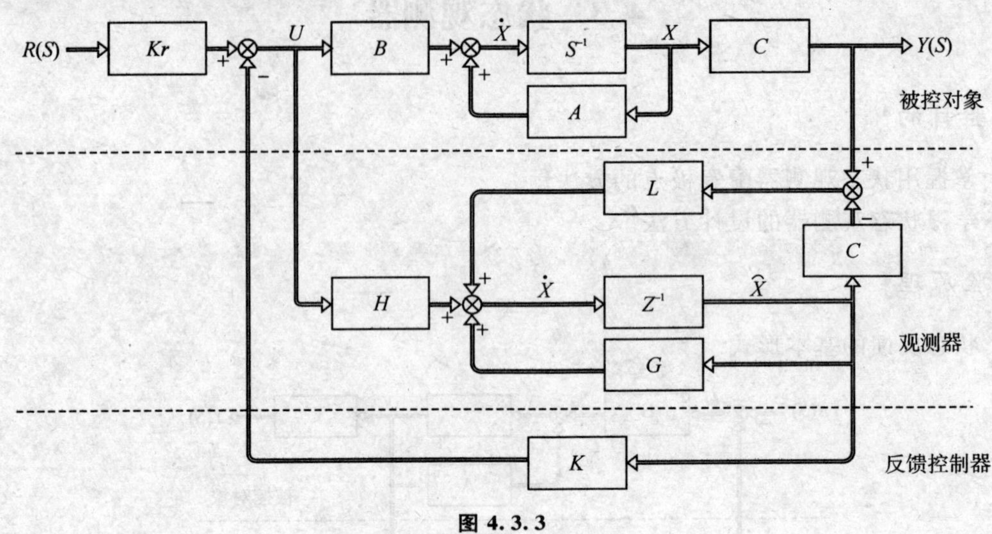

图 4.3.3

图中：$G=e^{A}T$

$$H=\int_0^T \Phi(t)\mathrm{d}t\,B \quad \text{其中：}\Phi(t)=e^{AT}$$

K：1X 二维状态反馈系统矩阵，由计算机算出。

L：2X 一维观测器的反馈矩阵，由计算机算出。

Kr：为使 $Y(t)$ 跟踪 $R(t)$ 乘的比例系数，由计算机自动递推算出。

4. 期望的系统极点(参考值)： $S_{1,2}=-7.35\pm j7.5$，

对应在 Z 平面上为： $Z_{1,2}=0.712\pm j0.22$

5. 观测器极点参考值： $Z_{1,2}=0.1\pm j0$

6. 带有状态观测器的模拟电路图

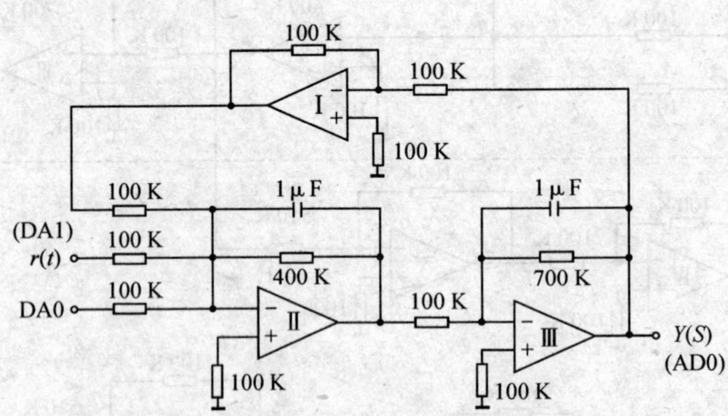

图 4.3.4 带有状态观测器的模拟电路

7. 带有状态观测器的输出波形

图 4.3.5

三、实验步骤

1. 按图 4.3.2 电路在运放电路板上连接好，拔掉 J1 短路子，插好 J0 短路子，放电短路子接“HDC”。

2. 打开实验箱电源。

3. 启动计算机，运行 SAC-ACT，进入实验系统。

4. 选择串口（如不选择，则默认 COM1 为通讯口）。

5. 选择“自控实验”，点击“状态反馈及观测器”。

6. 点击“启动显示”，打开实验界面。

7. 按照系统的希望极点来调整 R_{P1} 和 R_{P2} 的值。

8. 选择“状态反馈”命令，点击“运行”，计算机给出阶跃信号，对系统的输出进行采样并显示输出波形，按表 4.3.1 中的内容记录实验数据和波形。

9. 按图 4.3.4 电路在运放电路板上连接好。

10. 选择系统的希望极点，选择“状态观测器”命令，点击“运行”，计算机将状态观测器加入系统，对系统的输出进行采样并显示，按表 4.3.1 记录实验数据和波形。

表 4.3.1 状态观测器实验记录

希望极点	矩阵系数			观测极点	输出波形	M_P(%)	T_s(ms)
	K	L	K_r				
$-4+j6.928$							
$-5.6+j5.713$							
$-2+j3.464$							
$-2.8+j2.857$							

四、研究内容

1. 比较状态观测器重构出的状态和直接用于反馈的状态 $X1$。

2. 说明状态观测器的用途。

五、实验报告

1. 画出被控对象模拟电路图。

2. 计算 $Gp(S)$，A，B，C。

3. 计算离散化模拟参数 G，H，并与计算机计算结果比较。

4. 计算系统单位阶跃响应的超调量 $Mp\%$、调节时间 T_s（希望值），并与实时控制结果比较。

程序流程图：

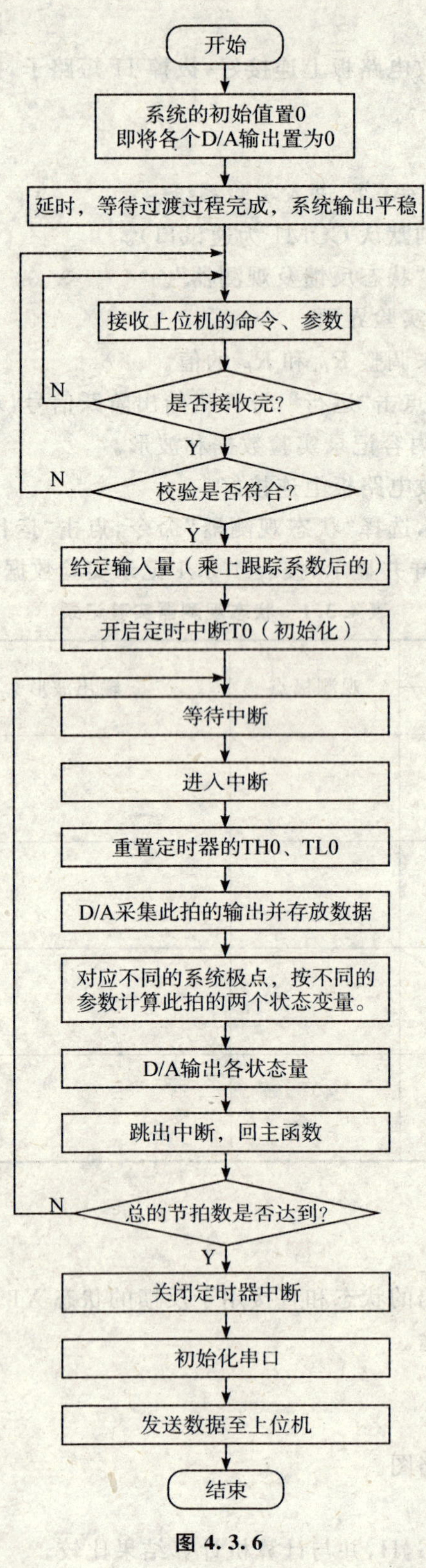
开始
系统的初始值置0
即将各个D/A输出置为0
延时，等待过渡过程完成，系统输出平稳
接收上位机的命令、参数
是否接收完?
N
Y
校验是否符合?
N
Y
给定输入量（乘上跟踪系数后的）
开启定时中断T0（初始化）
等待中断
进入中断
重置定时器的TH0、TL0
D/A采集此拍的输出并存放数据
对应不同的系统极点，按不同的
参数计算此拍的两个状态变量。
D/A输出各状态量
跳出中断，回主函数
总的节拍数是否达到?
N
Y
关闭定时器中断
初始化串口
发送数据至上位机
结束

图 4. 3. 6

第二部分

计算机控制实验

第五章　计算机控制技术实验

5.1 D/A 转换实验

一、实验要求

1. 掌握数模转换的基本原理。
2. 熟悉 8 位 D/A 转换的方法。

二、实验说明

D/A 转换器(D/A)单元电路图见图 5.1.1 所示。

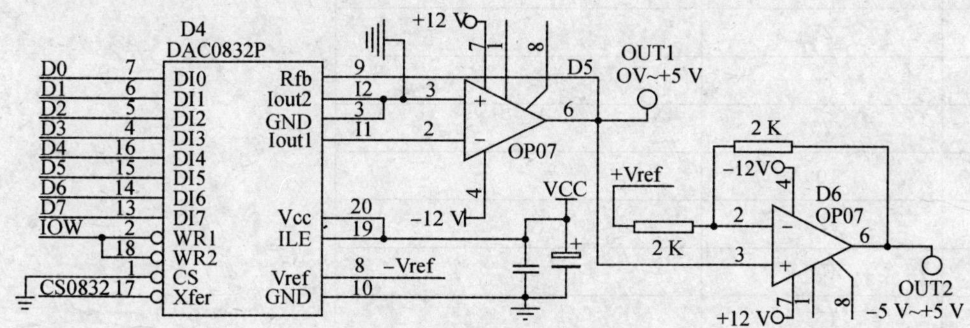

图 5.1.1　数摸转换电路图

实验原理

通过数据通道接口板完成 8 位 D/A 转换的实验，转换公式如下：

$$U_0 = V\mathrm{ref}(2^7 K_7 + 2^6 K_6 + \cdots + 2^0 K_0)/2^8$$

$$V\mathrm{ref} = +5\ \mathrm{V}$$

例如：数字量　$D=01010001$

$K7=0$、$K6=1$、$K5=0$、$K4=1$、$K3=0$、$K2=0$、$K1=0$、$K0=1$

模拟量　$U_0 = V_{\mathrm{ref}}(2^7 K_7 + 2^6 K_6 + \cdots + 2^0 K_0)/2^8 = 1.0$

实验中，根据输入的数字量，D/A 转换为模拟量，其结果经 A/D 采集并显示在计算机上。

实验示意图见图 5.1.2：

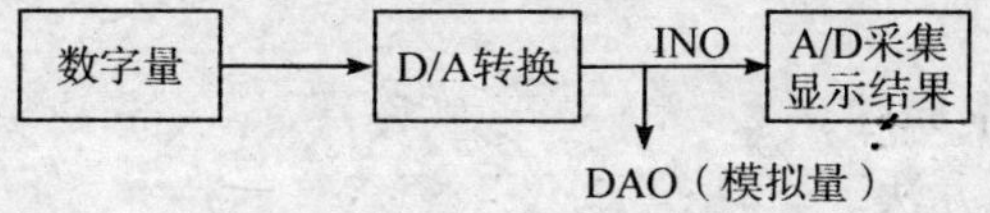

图 5.1.2　D/A 转换实验框图

三、实验内容及步骤

1. 将 DA0 口与 AD0 相连。

2. 打开实验箱电源。

3. 启动计算机,运行“SAC-ZJT-A1”,进入网络实验系统。

4. 选择串口(如不选择,则默认 COM1 为通讯口)。

5. 选择“计控实验”,点击“D/A 转换实验”。

6. 点击“启动显示”,打开实验界面。

7. 填写输入、输出通道号,选择转换方式,写入要转换的数据。注:进行 0～5 V 转换时,拔掉 J0 短路子;进行－2.5～＋2.5 V 转换时,将 J0 短路子插上。

8. 点击“运行”,显示数字量对应转换的模拟量,用鼠标选中任一转换点,对应的转换值在屏幕上以(D/A)方式显示出来。

9. 在 0～255 之间选择十个数字进行数/模转换实验,按表 5.1.1 记录 D/A 转换数据及图像。

表 5.1.1 D/A 转换实验记录

序	输入数字量(*D*)	转换成模拟电压(V)	D/A 转换图像
1	0		
2	25		
3	50		
4	75		
5	100		
6	125		
7	150		
8	175		
9	200		
10	255		

四、实验报告

1. 画出数字量与模拟量的对应曲线。

2. 计算出理论值,将其与实验结果比较,分析产生误差的原因。

5.2 A/D 转换实验

一、实验要求

1. 掌握模数转换的基本原理。

2. 熟悉 8 位 A/D 转换方法。

二、实验说明

通过数据通道接口板完成 8 位 A/D 转换的实验，转换公式如下：

$$数字量=模拟量/(V_{ref}/2^N)$$

其中：N 是 A/D 转换器的位数，$V_r$ef 是基准电压。

例如：$N=8$；Vref＝5.0；模拟量＝1.0；则数字量＝1.0÷(5.0÷28)＝51(十进制)。

实验示意图见图 5.2.1：

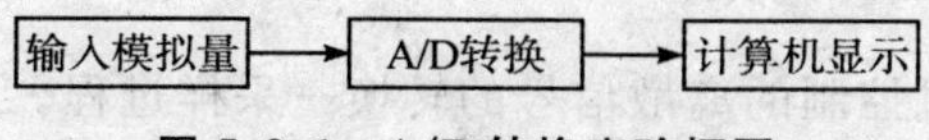

图 5.2.1 A/D 转换实验框图

实验中设置的模拟量由 D/A 转换取得，再经 A/D 转换为数字量，并显示在计算机上。

三、实验内容及步骤

1. 将 DA0 口与 AD0 相连。
2. 打开实验箱电源。
3. 启动计算机，运行“SAC-ZJT-A1”，进入网络实验系统。
4. 选择串口(如不选择，则默认 COM1 为通讯口)。
5. 选择“计控实验”，点击“D/A 转换实验”。
6. 点击“启动显示”，打开实验界面。
7. 填写输入、输出通道号，选择转换方式，写入要转换的数据。注：进行 0～5 V 转换时，拔掉 J0 短路子；进行－2.5～＋2.5 V 转换时，将 J0 短路子插上。
8. 点击“运行”，显示数字量对应转换的模拟量，用鼠标选中任一转换点，对应的转换值在屏幕上以(D/A)方式显示出来。
9. 在 0～255 之间选择十个数字进行数/模转换实验，按表 5.2.1 记录 D/A 转换数据及图像。

表 5.2.1 D/A 转换实验记录

序	输入数字量(D)	转换成模拟电压(V)	D/A 转换图像
1			
2			
3			
4			
5			
6			
7			
8			

四、实验报告

1. 画出数字量与模拟量的对应曲线。

2. 计算出理论值,将其与实验结果比较,分析产生误差的原因。

5.3 采样与保持

5.3.1 采样实验

一、实验要求

了解模拟信号到计算机控制的离散信号的转换—采样过程。

二、实验原理及说明

采样实验框图如图 5.3.1 所示。计算机通过 A/D 转换模块以一定的采样周期对正弦波信号采样,并通过上位机显示。

在不同采样周期下,观察比较输入及输出的波形(失真程度)。

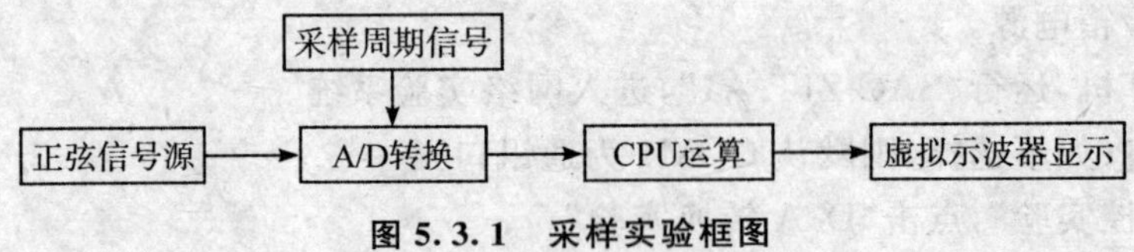

图 5.3.1　采样实验框图

计算机以不同采样周期对正弦波采样对模拟信号采样首先要确定采样间隔。采样频率越高,采样点数越密,所得离散信号就越逼近于原信号。采样频率过低,采样点间隔过远,则离散信号不足以反映原有信号波形特征,无法使信号复原。

合理的采样间隔应该是即不会造成信号混淆又不过度增加计算机的工作量。采样时,首先要保证能反映信号的全貌,对瞬态信号应包括整个瞬态过程;信号采样要有足够的长度,这不但是为了保证信号的完整,而且是为了保证有较好的频率分辨率。

三、实验内容及步骤

本实验可有两部分构成,一部分用 LF398 + MC14538 构成周期采样保持电路(如图 5.3.2),由示波器显示采样波形和原始波形。另一部分,利用实验室的编程环境完成,编写程序通过 D/A 周期采集信号,在界面上显示。

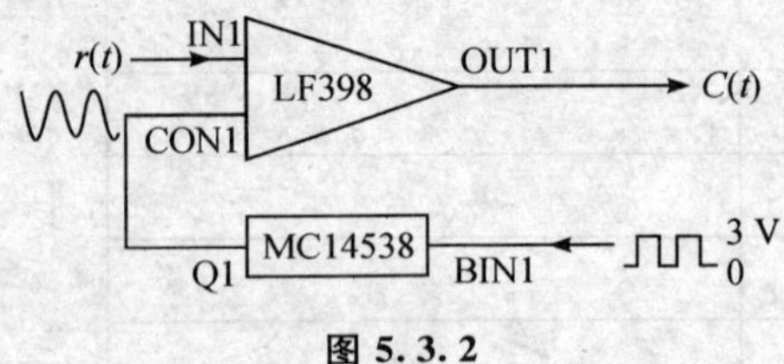

图 5.3.2

实验步骤:

1. 按图 5.3.2 接线,将示波器的 CH1 接输入端 $r(t)$,CH2 接采样脉冲。将放电短路子接“HDC”。

2. 打开实验箱电源。

3. 启动计算机，运行“SAC-ZJT-A1”，进入实验系统。

4. 选择串口(如不选择，则默认 COM1 为通讯口)。

5. 选择“自控实验”，点击“采样系统分析”。

6. 点击“启动显示”，打开实验界面。

7. 点击“运行”，调节正弦信号峰峰值为 4 V，周期为 300 ms；采样脉冲幅度为 2.5～3 V，周期为 30 ms。

8. 示波器的 CH1 接输入端 $r(t)$，CH2 接 $C(t)$，同时观测波形的输入和输出，此时输出波形和输入波形一致。

9. 示波器的 CH1 接采样脉冲，CH2 接 $C(t)$，按表 5.3.1 改变采样周期，观察并记录输出波形。

表 5.3.1　信号采样保持与采样周期的关系实验记录

采样周期 T(ms)	LF398 的输入、输出波形
30	
150	
300	

5.3.2　采样/保持器实验

一、实验要求

1. 了解判断采样/保持控制系统稳定性的充要条件。

2. 了解采样周期 T 对系统的稳定性的影响。

3. 掌握控制系统处于临界稳定状态时的采样周期 T 的计算。

4. 观察和分析采样/保持控制系统在不同采样周期 T 时的瞬态响应曲线。

二、实验原理及说明

1. 判断采样/保持控制系统稳定性的充要条件

线性连续系统的稳定性的分析是根据闭环系统特征方程的根在 S 平面上的位置来进行的。如果特征方程的根都在左半 S 平面，即特征根都具有负实部，则系统稳定。

采样/保持控制系统的稳定性分析是建立在 Z 变换的基础之上，因此必须在 Z 平面上分析。S 平面和 Z 平面之间的关系是：S 平面左半平面将映射到 Z 平面上以原点为圆心的单位圆内，S 平面的右半平面将映射到 Z 平面上以原点为圆心的单位圆外。

所以采样/保持控制系统稳定的充要条件是：系统特征方程的根必须在 Z 平面的单位圆内。只要其中有一个特征根在单位圆外，系统就不稳定；当有一个根在 Z 平面的单位圆上而其他根在单位圆内时，系统就处于临界稳定。也就是说，只要特征根的模均小于 1，则系统稳定；若有一个特征根的模大于 1，则系统不稳定。

2. 采样周期 T 对系统的稳定性的影响

闭环采样/保持控制系统原理方块图如图 5.3.3 所示：

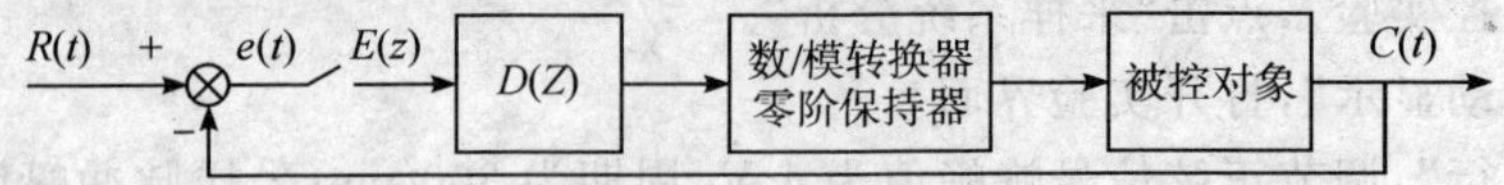

图 5.3.3 闭环采样/保持控制系统原理方块图

从采样实验中知道采样输出仅在采样点上有值，而在采样点之间无值。如其输出以前一时刻的采样值为参考基值进行外推，即可使两个采样点之间为连续信号过度。可以完成上述功能的装置或者器件就称为保持器。

使用了采样保持器后，采样点间的信号是外推而得的，实际上已含有失真的成份，因此，采样周期信号频率过低将会影响系统的稳定性。采样周期 T 可由用户在界面上直接修改，在不同采样周期下，观察、比较输出的波形。

闭环采样/保持控制系统实验构成电路如图 5.3.4 所示，闭环采样系统实验中被控对象由积分环节（A3 单元）与惯性环节（A5 单元）构成。

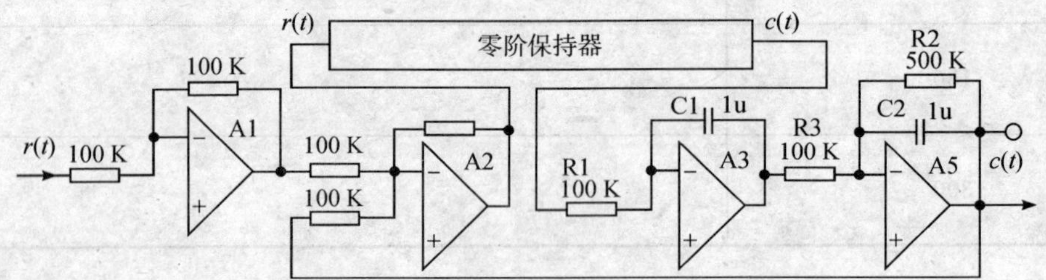

图 5.3.4 闭环采样/保持控制系统实验构成电路

积分环节（A3 单元）的积分时间常数 $Ti=R1*C1=0.1$ s，

惯性环节（A5 单元）的惯性时间常数 $T=R2*C2=0.5$ s，增益 $K=R2/R3=5$。

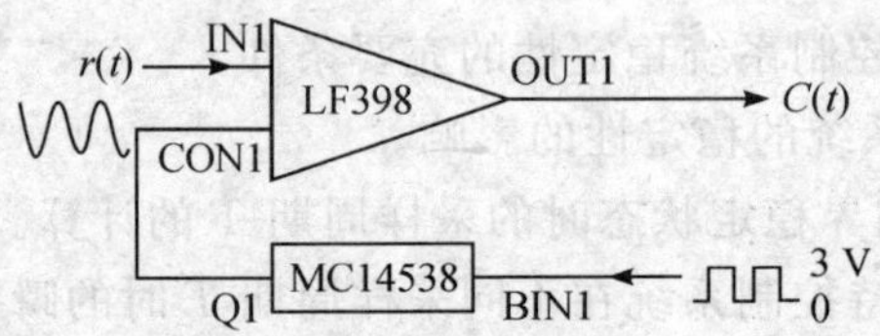

图 5.3.5 零阶保持器

被控对象的开环传递函数：$G(s)=\dfrac{K}{T_iS}\times\dfrac{1}{TS+1}$ (5—3—1)

各环节参数代入式(5—3—1)，可得：$G(s)=\dfrac{5}{0.1S(0.5S+1)}=\dfrac{100}{S(S+2)}$ (5—3—2)

零阶保持器的传递函数：$H_0(s)=\left[\dfrac{1-e^{-TS}}{S}\right]$ (5—3—3)

$G(z)$为包括零阶保持器在内的广义对象的脉冲传递函数：

$$G(z)=Z\left[\frac{1-e^{-TS}}{S}\times\frac{100}{S(S+2)}\right] \quad (5—3—4)$$

上式经 Z 变换后：$G(z)=\dfrac{25[(2T-1+e^{-2T})z+(1-e^{-2T}-2Te^{-2T})]}{(z-1)(z-e^{-2T})}$ (5—3—5)

系统的闭环脉冲传递函数：

$$\varphi(z)=\frac{25[(2T-1+e^{-2T})z+(1-e^{-2T}-2Te^{-2T})]}{z^2+(50T-26+24e^{-2T})z+(25-24e^{-2T}-50Te^{-2T})} \quad (5-3-6)$$

从式(5－3－6)可得其闭环采样/保持控制系统的特征方程式为：

$$z^2+(50T-26+24e^{-2T})z+(25-24e^{-2T}-50Te^{-2T})=0 \quad (5-3-7)$$

采样控制系统稳定的充要条件是：系统特征方程的根必须在 Z 平面的单位圆内，只要其中有一个特征根在单位圆外，系统就不稳定；当有一个根在 Z 平面的单位圆上而其他根在单位圆内时，系统就处于临界稳定。根据式(5－3－7)可知，特征方程式的根与采样周期 T 有关，只要特征根的模均小于 1，则系统稳定。若要求特征根的模小于 1，须：

$$25-24e^{-2T}-50Te^{-2T}<1 \quad (5-3-8)$$

从式(5－3－8)得：采样周期 T＜0.04 s。

三、实验内容及步骤

闭环采样/保持控制系统实验构成电路如图 5.3.4 所示。本实验将函数发生器单元作为信号发生器，其产生的连续阶越信号 Ui，$r(t)$输出施加于被测系统的输入端 Ui，观察从 0 V 阶跃＋2.5 V 时，被测系统在不同的采样周期 T 时对系统的稳定性的影响。

实验步骤：

1. 按图 5.3.4 接线，$r(t)$接阶跃信号、并接数字示波器 OSC 的 CH1，CH2 接采样脉冲。注：$r(t)$接手动阶跃信号，采样脉冲接连续阶跃信号，放电短路子接“HDC”。
2. 打开实验箱电源。
3. 启动计算机，运行“SAC-ZJT-A1”，进入网络实验系统。
4. 选择串口(如不选择，则默认 COM1 为通讯口)。
5. 选择“计控实验”，点击“采样保持器”。
6. 点击“启动显示”，打开实验界面。
7. 点击“运行”，观察并调整输入阶跃信号，使其幅度为 1 V；采样脉冲幅度为 2.5～3 V，周期约为 50 ms。
8. 观察 $r(t)$、OUT1(t)和输出 $C(t)$，并将对照波形记录于表 5.3.2 中。
9. 调整采样周期，重复做几次，直至系统不稳定(等幅振荡)，将实验结果填入表中。

表 5.3.2　采样保持器实验记录

采样周期	实验波形	稳定性
		等幅振荡

四、实验报告

1. 画出实验电路图及系统结构框图。
2. 绘制各种实验条件下的实验曲线。
3. 说明若要保正输出波形不失真,需要满足何种条件。

5.3.3 采样/保持控制系统分析举例

改变采样/保持控制系统的被控对象,例如图 5.3.6 所示:

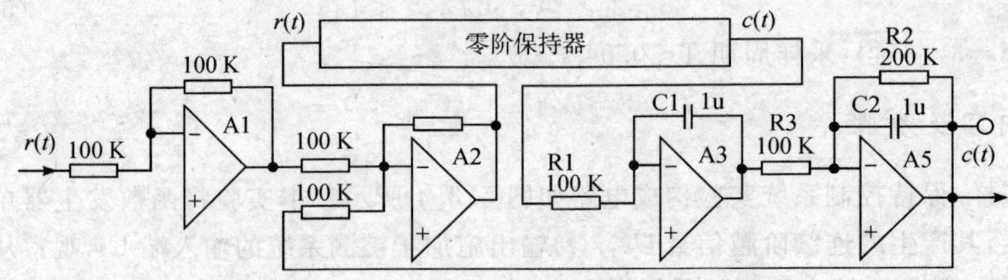

图 5.3.6 闭环采样/保持控制系统实验构成电路

积分环节(A3 单元)的积分时间常数 $Ti=R1*C1=0.1\ s$。

惯性环节(A5 单元)的惯性时间常数 $T=R2*C2=0.2\ s$,增益 $K=R1/R3=2$。

被控对象的开环传递函数:$G(s)=\dfrac{K}{T_iS}\times\dfrac{1}{TS+1}$ (5-3-9)

各环节参数代入式(5-3-9),得:$G(s)=\dfrac{2}{0.1S(0.2S+1)}=\dfrac{100}{S(S+5)}$ (5-3-10)

G(z)为包括零阶保持器在内的广义对象的脉冲传递函数:

$$G(z)=Z\left[\frac{1-e^{-TS}}{S}\times\frac{100}{S(S+5)}\right] \qquad (5-3-11)$$

闭环脉冲传递函数:

$$\varphi(z)=\frac{(20T-4+4e^{-5T})z+(4-4e^{-5T}-20Te^{-5T})]}{z^2+(20T-5+3e^{-5T})z+(4-3e^{-5T}-20Te^{-5T})} \qquad (5-3-12)$$

闭环采样系统的特征方程式为:

$$z^2+(20T-5+3e^{-5T})z+(4-3e^{-5T}-20Te^{-5T})=0 \qquad (5-3-13)$$

采样控制系统稳定的充要条件是:系统特征方程的根必须在 Z 平面的单位圆内,只要其中有一个特征根在单位圆外,系统就不稳定;当有一个根在 Z 平面的单位圆上而其他根在单位圆内时,系统就处于临界稳定。根据式(5-3-7)可知,特征方程式的根与采样周期 T 有关,只要特征根的模均小于 1,则系统稳定。

若要求特征根的模小于 1,须:$4-3e^{-5T}-20Te^{-5T}<1$ (5-3-14)

从式(5-3-14)得:采样周期 T<0.11 s。

5.4　平滑与数字滤波实验

5.4.1　微分与平滑

一、实验要求

1. 验证微分运算对系统阶跃响应性能的影响。
2. 验证微分平滑运算对系统阶跃响应性能的影响。

二、实验原理及说明

微分与平滑原理方块图如图 5.4.1 所示。其中环节 $D(Z)$ 即为利用计算机实现的微分运算环节。R 为阶跃输入信号，C 为系统输出。

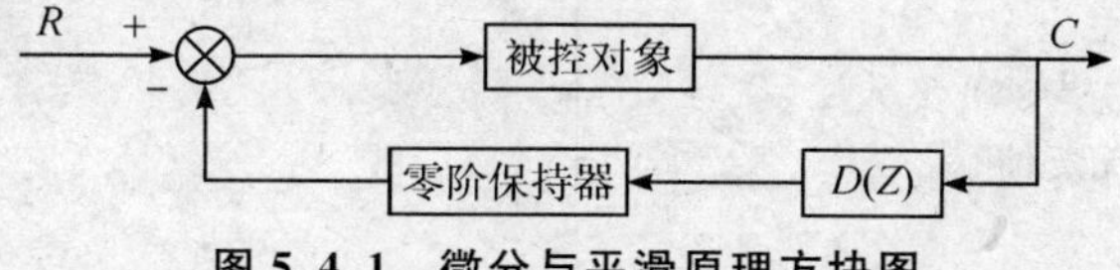

图 5.4.1　微分与平滑原理方块图

微分是正反馈，当取合适的微分时间常数时，会使系统响应加快。但若微分时间常数过大，则会影响系统稳定性。

微分算法采用一阶差分代替：（T_D 为微分时间常数，T 为采样周期　$T=20$ ms）

$$U_K = \frac{TD}{T}EK - \frac{TD}{T}EK - 1$$

$$= K_0 E_K - K_1 E_{K-1}$$　　　E_K：输入，U_K：输出。

微分平滑算法采用四点微分均值法：

$$U_K = \frac{TD}{6T}E_K + \frac{TD}{2T}\quad E_{K-1} - \frac{TD}{2T}E_{K-2} - \frac{TD}{6T}E_{K-3}$$

$$= K_0 E_K + K_1 E_{K-1} - K_2 E_{K-2} - K_3 E_{K-3}$$　　　E_K：输入，U_K：输出。

其中各控制系数 K_0、K_1、K_2、K_3 的取值根据实验要求而定，范围为 $-0.99\sim+0.99$，系数不能太小，过小将使计算机控制环节失去控制作用。

计算机编程实现以 5 ms 为基准的延时，调整延时的时间长度并以此作为 A/D 采样周期 T。

三、实验内容及步骤

微分与平滑系统构成如图 5.4.2 所示。

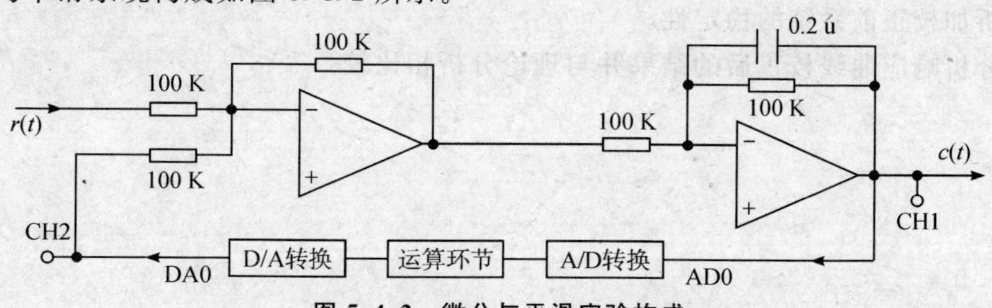

图 5.4.2　微分与平滑实验构成

实验步骤：

1. 按图 5.4.2 接线，r(t)接周期阶越信号；

2. 打开实验箱电源；

3. 启动计算机，按 5.4.3 程序流程图编写控制程序；

4. 记录不进行微分反馈时的波形；

5. 采用一阶差分法，运行程序，记录 T=20 ms，$K0=0.80$　$K1=0.80$ 时 CH1，CH2 的波形；

6. 采用四点加权平均法，运行程序，记录 T=20 ms，$K0=0.16$，$K1=0.5$，$K2=0.5$，$K3=0.16$ 时 CH1，CH2 的波形；

7. 最后将实验结果填入表 5.4.1 中。

表 5.4.1

反馈类型	波形图像
无反馈	
一阶差分法	
四点加权平均法	

四、实验报告

1. 画出实验的模拟电路图，结构图。

2. 分析加校正前系统的稳定性。

3. 从分析响应曲线校正后的结果并与理论分析相比较。

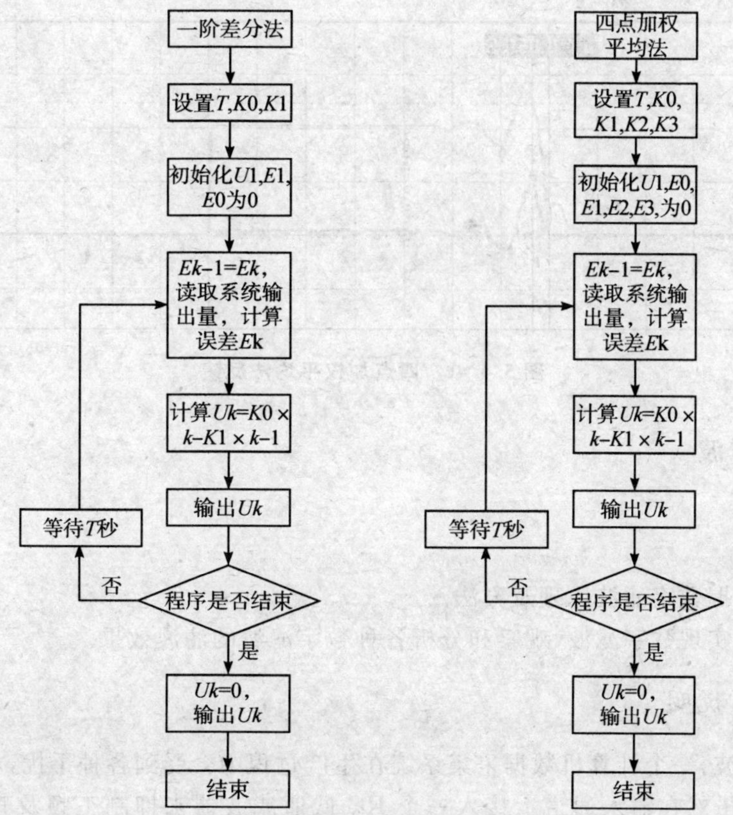

图 5.4.3　程序流程图

参考图像：

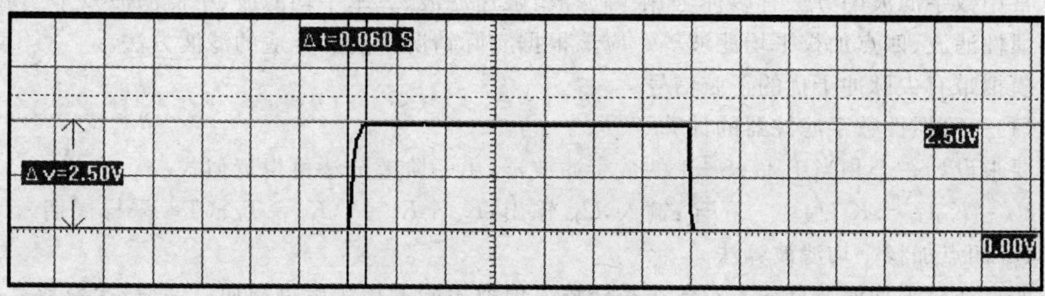

图 5.4.4a　不加微分反馈

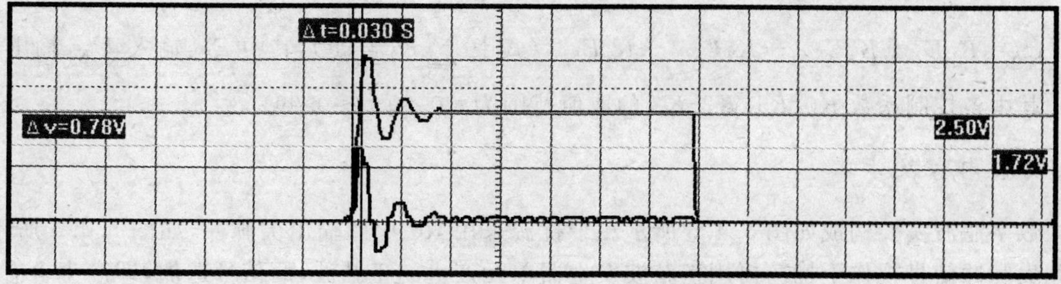

图 5.4.4b　一阶差分法反馈(含微分噪音幅度)

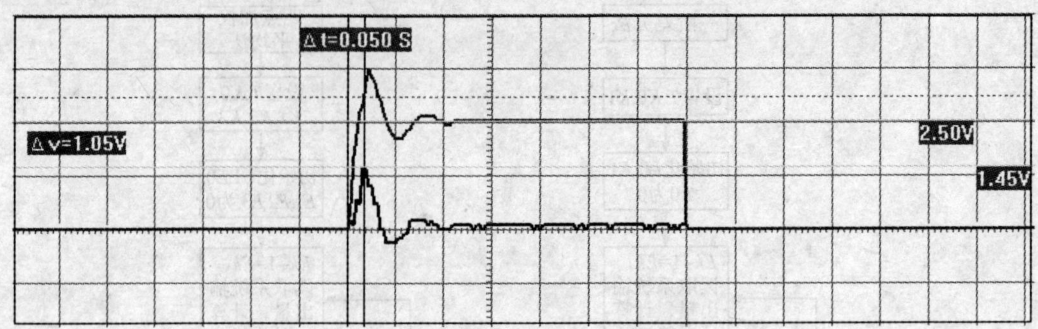

图 5.4.4c 四点加权平均法反馈

5.4.2 数字滤波

一、实验要求

1. 了解和掌握数字滤波原理及方法。

2. 编制程序实现数字滤波，观察和分析各种数字滤波的滤波效果。

二、实验原理及说明

关于数字滤波：一个计算机数据采集系统在生产过程中会受到各种干扰，从而降低了有用信号的真实性。虽然在输入通道上接入一个 RC 低通滤波器来抑制工频及其以上频率的干扰，但对频率很低的干扰却由于制作上的难度而难以实现。采用数字形式来模拟 RC 低通滤波器的输入输出数学关系，可以得到较好的效果。

常用数字滤波的方法有多种，如限幅滤波、限速滤波、算术平均滤波、中值滤波及本实验使用的惯性滤波、四点加权平均滤波等。应该根据实际情况来选择合适的滤波方法。

模拟带有尖脉冲干扰的正弦信号

(1)一阶惯性数字滤波器的计算

要求设计一个相当于 $1/\tau S+1$ 的数字滤波器，由一阶差分法可得近似式：

$U_K=K_OE_K-K_1U_{K-1}$　　E_K：输入，U_K 输出，$K_O+K_1=1$，$K_O=T/\tau$（T=采样周期）。

(2)四点加权平均滤波算法

四点加权平均滤波算法是对各次采样输入值取不同的比例后再相加。一般，次数愈靠后，控制系数(比例)取愈大，这样，最近一次采样输入值影响愈大。该算法适用于纯延迟较大的对象。

$U_K=K_OE_K+K_1E_{K-1}+K_2E_{K-2}+K_3E_{K-3}$（式中 $\sum_{i=0}^{3}Ki=1$），其中 E_K：输入，U_K：输出。

其中各控制系数 $K0$、$K1$、$K2$、$K3$ 的取值范围为－0.99＋～0.99。

三、实验内容及步骤

数字滤波实验构成如图 5.4.5 所示。干扰源采用 RC 电路输出尖脉冲，如图 5.4.5 所示，将此尖脉冲信号视作干扰。再用正弦波发生器单元产生的正弦波，两信号迭加，即产生含有干扰信号的正弦波。

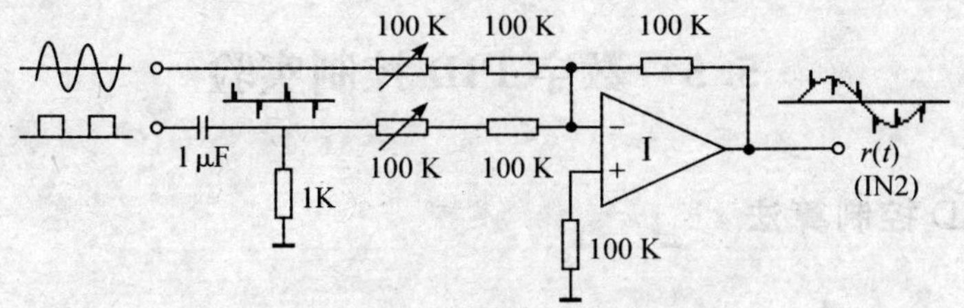

图 5.4.5　数字滤波构成

实验步骤：

1. 模拟一阶惯性环节的数字滤波

2. 按图 5.4.5 接线，将两个输入端分别接正弦信号、阶跃信号和数字示波器的 OSC 的 CH1、CH2。放电短路子接手动。

3. 打开实验箱电源。

4. 启动计算机，运行“SAC-ZJT-A1”，进入网络实验系统。

5. 选择串口（如不选择，则默认 COM1 为通讯口）。

6. 选择“计控实验”，点击“平滑与数字滤波”。

7. 点击“启动显示”，打开实验界面。

8. 运行观察与记录

①调整输入信号：选择无滤波用虚拟示波器观察和调整系统输入信号。调整尖脉冲波形的可变电阻使叠加的波形符合峰值要求。正弦波波形见图 5.4.6-b，尖脉冲波形见图 5.4.6-a。

②选择惯性或加权，将 IN2 接 AD2，用示波器分别观察滤波前（见图 5.4.6-c）和滤波后（见图 5.4.6-d）的波形进行比较。

表 5.4.2　平滑与数字滤波实验记录

	采样周期 T(ms)	a	A1	A2	A3	A4	滤波前后正弦幅值比	滤波前后干扰幅值比
一阶惯性			/	/	/	/		
			/	/	/	/		
四点加权平均		/						
		/						

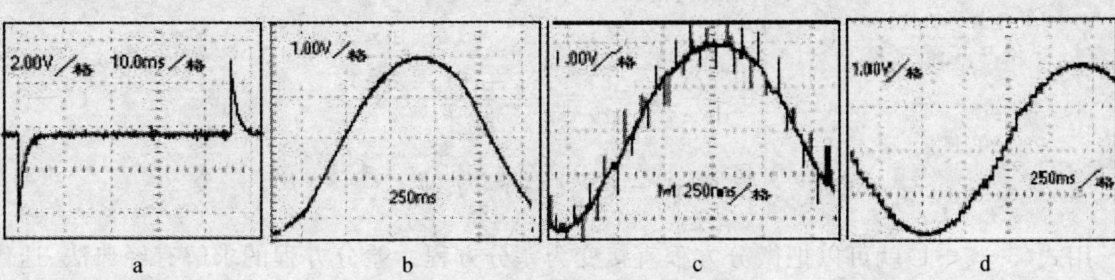

图 5.4.6　数字滤波实验各点的波形

5.5 数字 PID 控制实验

5.5.1 标准 PID 控制算法

一、实验要求

1. 了解和掌握连续控制系统的 PID 控制算法的模拟表达式(微分方程)。
2. 了解和掌握采用微分方程直接建立后向差分方程的方法。
3. 完成对各种 PID 控制系统的设计。
4. 观察和分析在标准 PID 控制系统中,P. I. D 参数对输出波形的影响。
5. 了解和掌握本实验机的 PID 控制算法中的特殊使用

二、实验原理及说明

在一个控制系统中,采用比例、积分和微分控制方式控制,称之谓 PID 控制。它对于被控对象的传递函数 $G(S)$难以描述的情况,是一种应用广泛,行之有效的控制方式。数字 PID 控制器是基于连续系统的计算机数字模拟设计技术,它把输入信号离散化,用数字形式的差分方程代替连续系统的微分方程,对它进行处理和控制。

差分方程是一种描述离散系统各变量之间动态关系的数学表达式,它只能表示连续时间函数在采样时刻的值。通常,都是用后向差分方程进行描述的。此时,该离散系统在 k 刻的输出信号 $P(k)$,不但与 k 时刻的输入 $r(k)$有关,而且与 k 时刻以前输入 $r(k-1)$,$r(k-2)$,…有关,同时还与 k 时刻以前的输出 $c(k-1)$,$c(k-2)$,…有关。

本实验机的数字 PID 控制实验采用微分方程直接建立差分方程。

由微分方程直接建立差分方程,首先须对微分方程离散化,即是用差分方程去逼近微分方程的变化规律,其具体内容包括导数、微分、积分、函数和时间 t 等参数的离散化。差分方程和微分方程不仅形式上相似,且微分、积分与差分、求和在含义上对应,并在一定的条件下,可以相互转化。

设采样周期 T 足够小,远小于时间常数 τ,当 $t=kT$ 时,可将微分方程中的导数可用差分项代替,积分项用求和式代替,函数用序列表示,时间 t 变成离散量 kT,即:

$$\begin{cases} t = kT \\ C(t) = C(k) \\ \dfrac{\mathrm{d}C(t)}{\mathrm{d}t} = \dfrac{\Delta c}{\Delta t} = \dfrac{c(k+1)-c(k)}{T} \\ \displaystyle\int_0^t C(t)\mathrm{d}t = \sum_{n=0}^{k-1} C(n) * T \end{cases} \tag{5-5-1}$$

用式(5−5−1)就可以把微分方程直接变为差分方程。差分方程的求解有经典法、迭代法和 Z 变换法。

本实验机的数字 PID 控制实验,它对被控对象不作明确要求,但如果要得到输出的解析解,还须求助于拉氏变换的 Z 变换进行。

数字 PID 控制实验的原理方框图见图 5.5.1 所示:

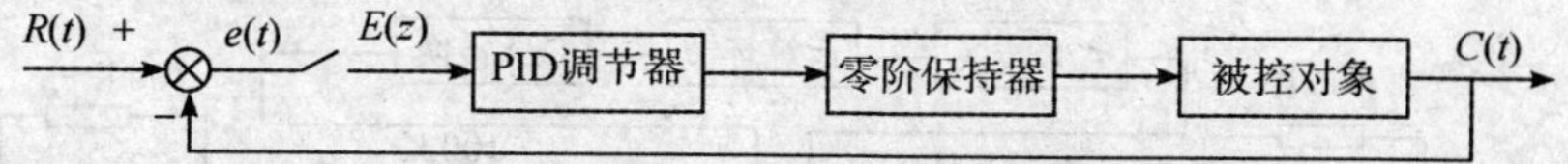

图 5.5.1　数字 PID 控制实验的原理方框图

求取按比例(P)、积分(I)、微分(D)通过线性组合构成的控制量。

PID 控制算法的微分方程表达式是：

$$P(t) = K_p\left[e(t) + \frac{1}{T_i}\int_0^t e(t)\mathrm{d}t + T_d\frac{\mathrm{d}e(t)}{\mathrm{d}t}\right] \tag{5-5-2}$$

式中，$P(t)$ ——调节器的输出信号；

$e(t)$ ——调节器的偏差信号；

K_P ——调节器的比例系数；

T_i ——调节器的积分时间常数；

T_d ——调节器的微分时间常数。

用式(5－5－1)就可以把连续系统的微分方程直接代替用数字形式的差分方程：

$$P(n) = K_P\left\{e(n) + \frac{T}{T_i}\sum_{j=0}^{n}e(j) + \frac{T_d}{T}[e(n) - e(n-1)]\right\} \tag{5-5-3}$$

式中：T ——采样周期；

n ——采样序号，$n=0,1,2,\cdots$；

$P(n)$ ——第 n 次采样时计算机输出；

$e(n)$ ——第 n 次采样时的偏差值；

$e(n-1)$ ——第 $n-1$ 次采样时的偏差值。

离散化的 PID 位置控制算式表达式为：

$$p(k) = K_P E(k) + K_p\frac{T}{T_i}\sum_{j=0}^{k}e(j) + K_p\frac{T_d}{T}[E(k) - E(k-1)] \tag{5-5-4}$$

式中：$K_i = \frac{T}{T_i}K_P$—— 积分系数；

$K_d = \frac{T_d}{T}K_P$—— 微分系数。

K_p 系数不可过小，因为这会使计算机控制输出也较小，从而使系统量化误差变大，甚至有时控制器根本无输出而形成死区。这时可将模拟电路开环增益适当减小，而使 K_p 系数变大。

三、实验内容及步骤

数字 PID 控制实验构成如图 5.5.2 所示。本实验将函数发生器输出连续阶越信号作为输入信号 $r(t)$，观察 $r(t)$ 从 0 V 阶跃＋2.5 V 时被测系统的 PID 控制特性。

实验步骤：

(1)将函数发生器单元的连续阶越信号输出作为系统输入 $r(t)$。(连续的正输出宽度足够大的阶跃信号)设置连续阶越信号周期大于 4 秒，输出电压＝2.5 V 左右。

(2)按图 5.5.2 搭接电路。

(3)运行 SAC-ZJT-A1 程序，选择计控实验下的积分分离 PID，将分离点设得尽量高，使其成为标准 PID 控制。

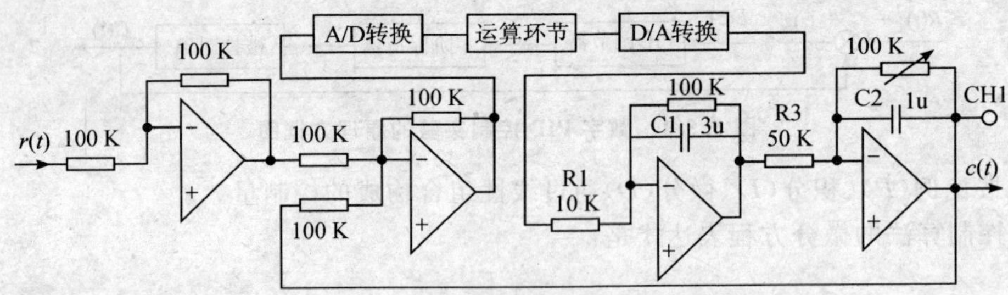

图 5.5.2 数字 PID 控制实验构成

(4)修改 Kp、Ti、Td 等参数，观察响应曲线，直到满意，记录波形和数据到表 5.5.1。

表 5.5.1

	Kp	Ti	Td	Mp	t_s
1					
2					

参考结果

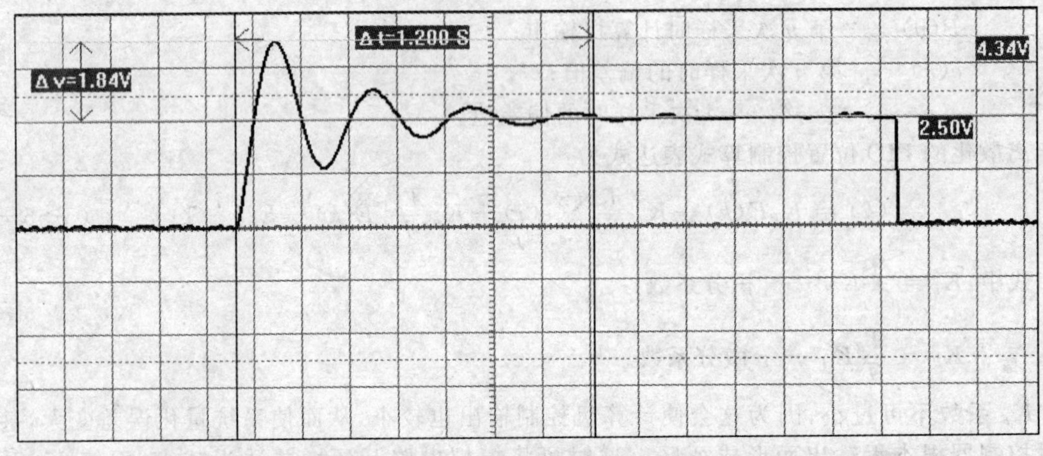

图 5.5.3

PID 控制算法特殊使用

1)PD 控制算法：在积分时间常数 T_i 栏中，T_i 被设定为 200 ms 时，离散化的 PID 位置控制算式表达式中 $K_p \frac{T}{T_i}\sum_{j=0}^{k} e(j)$ 项被置为零，该实验即变为 PD 控制算法。

2)PI 控制算法：在微分时间常数 T_d 栏中，T_i 被设定为 0 ms 时，离散化的 PID 位置控制算式表达式中 $K_p \frac{T_d}{T}[E(k)-E(k-1)]$ 项为零，该实验即变为 PI 控制算法。

3)P 控制算法：设定积分时间常数 T_i 为 200 ms，微分时间常数 T_d 为 0 ms 时，该实验即变为 P 控制算法。

5.5.2 积分分离 PID 控制算法

一、实验要求

1. 了解和掌握 PID 控制系统中的积分饱和现象的产生原因及消除的方法。
2. 观察和分析采用积分分离法实现 PID 控制后，控制性能改善的程度及原因。
3. 观察和分析在积分分离 PID 控制系统中，积分分离法的分离阈值 E_0 对输出波形的影响

二、实验原理及说明

在控制过程中，只要系统存在偏差，积分的作用就会继续，当偏差较大或累加积分项太快时，就会出现积分饱和现象，使系统产生超调，甚至引起振荡，这对某些生产过程是绝对不允许的。引进积分分离法，既保持了积分的作用，又减小了超调量，使得控制性能有了较大的改善。

积分分离法要设置积分分离阈值 E_0，其数值范围为 0～4.9 V。

当 $|E(k)|>E_0$ 时（偏差值 $|E(k)|$ 比较大时），采用 PD 控制；当 $|E(k)|\leqslant E_0$ 时（偏差值 $|E(k)|$ 比较小时），采用 PID 控制。积分分离法 PID 算法可表示为：

$$P(K)=K_P E(k)+K_p\frac{T}{T_i}\sum_{j=0}^{k}e(j)+K_p\frac{T_d}{T}[E(k)-E(k-1)]$$

$$K_i=\begin{cases}0, & |E(k)|\geqslant E_0\\ K_i, & |E(k)|<E_0\end{cases}\qquad K_i=K_p\frac{T}{T_i}$$

三、实验内容及步骤

在实验中欲观测实验结果时，只要运行 **SAC-ZJT-A1** 程序，选择**计控实验**菜单下的**积分分离 PID 控制**选项，就会弹出虚拟示波器的界面，运行实验程序，点击停止查看实验结果。

实验步骤：

(1)将函数发生器单元的连续阶越信号输出作为系统输入 $r(t)$。（连续的正输出宽度足够大的阶跃信号）设置连续阶越信号周期大于 4 秒，输出电压=2.5 V 左右。

(2)按图 5.5.2 搭接电路。

(3)运行 **SAC-ZJT-A1** 程序，选择计控实验下的积分分离 **PID**。

(4)修改 ***Kp***、***Ti***、***Td*** 等参数，观察响应曲线，直到满意，记录波形和数据。

表 5.5.2

	Kp	Ti	Td	Mp	t_s
1					
2					

5.5.3 非线性 PID 控制算法

一、实验要求

1. 观察和分析采用非线性 PID 控制算法实现 PID 控制后，控制性能改善的程度及原因。

2. 观察和分析在非线性 PID 控制系统中，非线性 PID 控制算法的输出阀值 P_0 对输出波形的影响。

二、实验原理及说明

某些系统控制为了避免控制动作过于频繁而引起的振荡，有时采用非线性 PID 控制（带砰砰的 PID 控制），其算法可表示为：

$$P(K) = K_P E(k) + K_p \frac{T}{T_i}\sum_{j=0}^{k} e(j) + K_p \frac{T_d}{T}[E(k) - E(k-1)]$$

$$P(k) = \begin{cases} P_0, & |P(k)| \geqslant P_0 \\ P(k), & |P(k)| < P_0 \end{cases}$$

式中，P_0 为输出阀值，其数值范围为 0～4.9 V。PID 控制输出值 $P(K)$ 大于或等于阀值时，输出值恒等于阀值 P_0；PID 控制输出值小于阀值时，输出值等于标准 PID 输出值。

三、实验内容及步骤

非线性 PID 控制算法系统构成如图 5.5.2 所示。（与标准 PID 控制实验构成相同）

实验步骤：

1. 非线性 PID 控制算法系统构成如图 5.5.2 所示。（与标准 PID 控制实验构成相同）按图搭接电路。

2. DA 输出电压设置为－2.5 V 到 2.5 V.

3. 按照实验原理及程序流程图 5.5.5，编写控制程序。

实验结果：非线性 PID 控制算法的实验结果，如图 5.5.4 所示。从实验中可看出，E_0 阀值越小，误差带越窄，系统出现不太大的超调时，输出就可得到及时控制，使系统很快进入稳态。

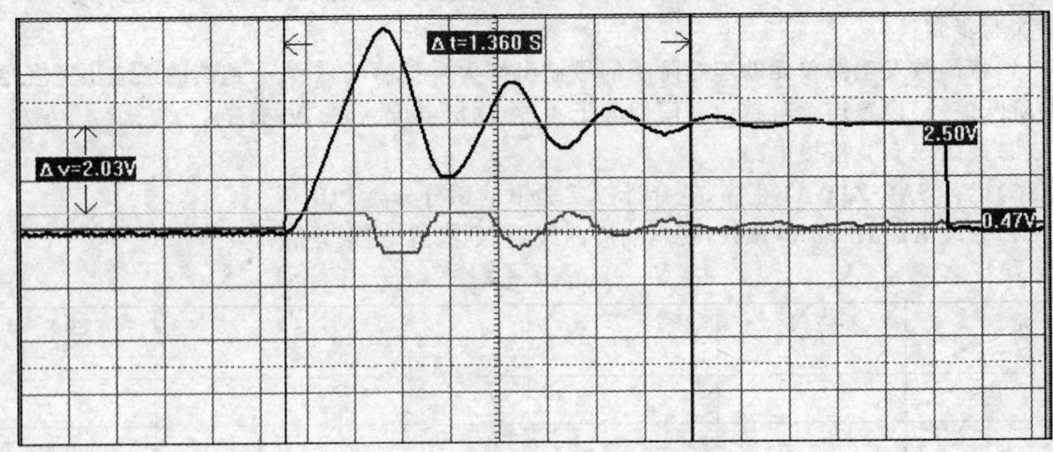

图 5.5.4 非线性 PID 控制实验曲线

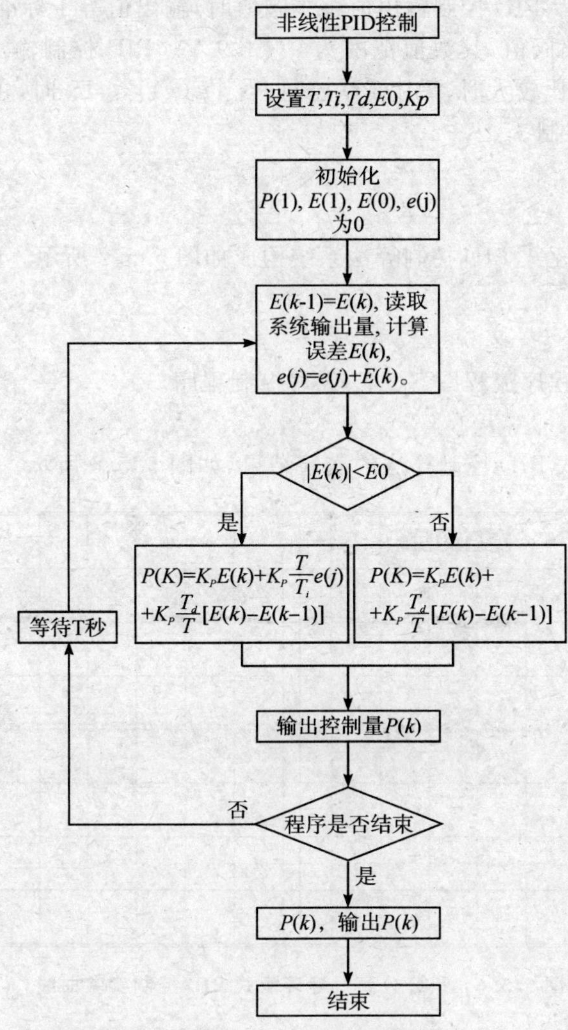

图 5.5.5　程序流程图

5.5.4　积分分离—砰砰复式 PID 控制算法

一、实验要求

观察和分析采用积分分离—砰砰复式 PID 控制算法实现 PID 控制后，控制性能改善的程度及原因。

二、实验原理及说明

积分分离—砰砰复式 PID 控制算法可表示为

$$P(K)=K_PE(k)+K_p\frac{T}{T_i}\sum_{j=0}^{k}e(j)+K_p\frac{T_d}{T}[E(k)-E(k-1)]$$

$$K_i=\begin{cases}0, & |E(k)|\geqslant E_0\\ K_i, & |E(k)|<E_0\end{cases}\qquad \{K_i=K_p\frac{T}{T_i}\}\qquad P(k)=\begin{cases}P_0, & |P(k)|\geqslant P_0\\ P(k), & |P(k)|<P_0\end{cases}$$

式中，P_0 为输出阀值，其数值范围为 0～4.9 V。PID 控制输出值 $P(K)$ 大于或等于阀值时，输出值恒等于阀值 P_0；PID 控制输出值小于阀值时，输出值等于标准 PID 输出值。

式中，E_0 为积分分离阀值，其数值范围为 0～4.9 V。PID 控制输出值，当 $|E(k)|>E_0$ 时，也即偏差值 $|E(k)|$ 比较大时，采用 PD 控制；当 $|E(k)|\leqslant E_0$ 时，也即偏差值 $|E(k)|$ 比较小时，采用标准 PID 控制。

三、实验内容及步骤

1. 积分分离—砰砰复式 PID 控制算法系统构成如图 5.5.2 所示。（与标准 PID 控制实验构成相同）

2. DA 输出电压设置为 −2.5～2.5 V。

3. 按照实验原理及程序流程图 5.5.7，编写控制程序。

参考实验结果

积分分离—砰砰复式 PID 控制算法的实验结果，如图 5.5.6 所示。

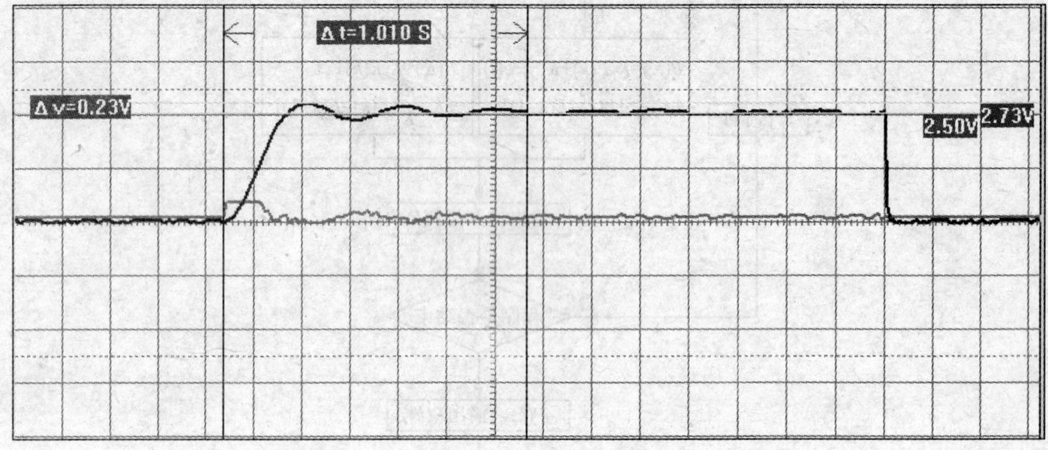

图 5.5.6 积分分离—砰砰复式 PID 控制实验曲线

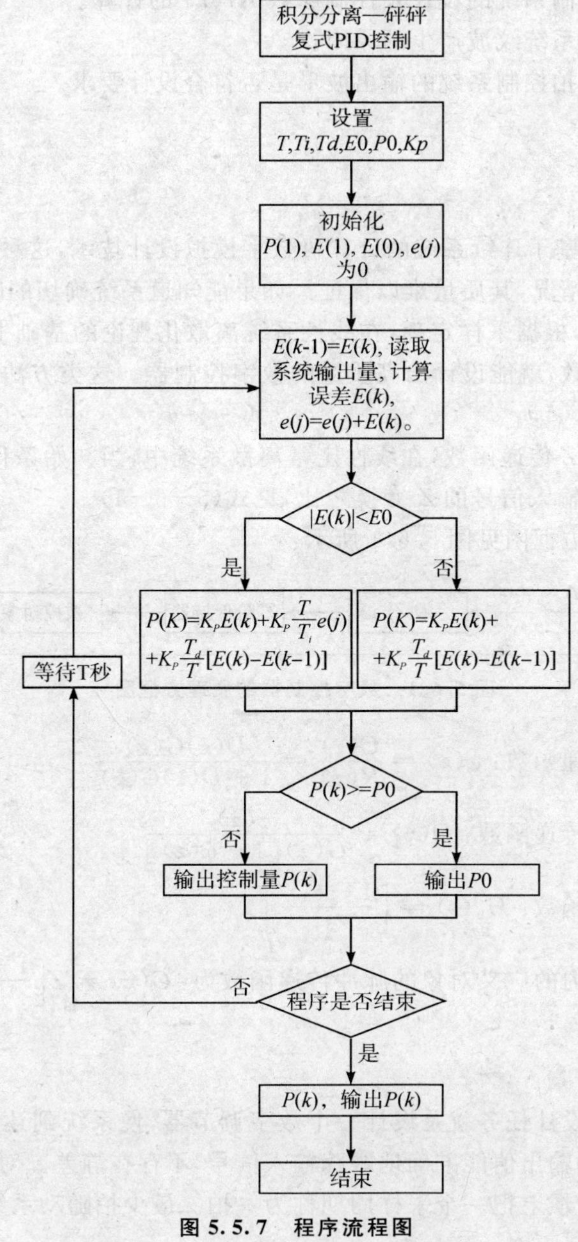

图 5.5.7　程序流程图

5.6　最少拍控制系统

5.6.1　最少拍有纹波系统

一、实验要求

1. 了解和掌握数字控制器的原理和直接设计方法。
2. 了解和掌握用 Z 传递函数建立后向差分方程的方法。

3. 完成对最少拍控制系统的设计及控制参数 Ki、Pi 的计算。

4. 了解最少拍控制系统纹波产生的原因。

5. 观察和分析最少拍控制系统的输出波形是否符合设计要求。

二、实验原理及说明

1. 数字控制器

数字 PID 控制器是基于连续系统的计算机数字模拟设计技术，这种连续化设计技术适用于被控对象难以表达的情况，其质量难以保证。如果能知道系统确切的闭环脉冲传递函数、广义对象的脉冲传递函数，根据采样定理，在线性系统离散化理论的基础上，应用 Z 变换求得数字控制器的脉冲传递函数，就能设计出高质量的数字控制器。这类方法称为数字控制器的直接设计方法。

脉冲传递函数又称 Z 传递函数，在线性定常离散系统中，当初始条件为零时，系统离散输出信号的 Z 变换与离散输入信号的 Z 变换之比，见式(5－6－1)。

数字控制器的原理方框图见图 5.6.1 所示：

图 5.6.1 数字控制器的原理方框图

系统的闭环脉冲传递函数：$\varphi(z)=\dfrac{C(z)}{R(z)}=\dfrac{D(z)G(z)}{1+D(z)G(z)}$ (5－6－1)

数字控制器的脉冲传递函数：$D(z)=\dfrac{\varphi(z)}{G(z)[1-\varphi(z)]}$ (5－6－2)

零阶保持器的传递函数：$H_0(s)=\left[\dfrac{1-e^{-Ts}}{s}\right]$

包括零阶保持器在内的广义对象的脉冲传递函数为：$G(z)=Z\left[\dfrac{1-e^{-TS}}{S}\times G(S)\right]$

(5－6－3)

2. 最少拍控制系统

最少拍随动系统的设计任务就是设计一个数字调节器，使系统到达稳定所需要的采样周期最少，而且在采样点的输出值能准确地跟踪输入信号，不存在静差。对任何两个采样周期中间的过程则不做要求，习惯上把一个采样周期称为一拍。最少拍随动系统，也称为最少调整时间系统或最快响应系统。

据上所述，欲设计出高质量的数字控制器，必须先规定系统的闭环脉冲传递函数，而对于不同性质的输入信号，最少拍随动系统的闭环脉冲传递函数应符合下列各式：

当系统为单位阶跃输入时：$\phi(z)=Z^{-1}$ (5－6－4)

当系统为单位速度输入时：$\phi(z)=2Z^{-1}-Z^{-2}$ (5－6－5)

当系统为单位加速度输入时：$\phi(z)=3Z^{-1}-3Z^{-2}+Z^{-3}$ (5－6－6)

搭建如图 5.6.2 系统，其被控对象由一个积分环节和一个惯性环节组成，

积分环节的积分时间常数 $Ti=R2*C2=1\ s$，

惯性环节的惯性时间常数 $T=R1*C1=1\ s$，增益 $K=R1/R3=5$。

设计数字调节器步骤如下：

(1)根据被控对象的各项参数及系统要求的采样周期 T 值，求出系统的包括零阶保持器在内的广义对象的脉冲传递函数 $G(z)$。

被控对象的开环传递函数：$G(s)=\dfrac{K}{T_iS}\times\dfrac{1}{TS+1}$　(5－6－7)

各环节参数代入式(5－6－7)，可得：$G(s)=\dfrac{5}{S(S+1)}$

$G(z)$为包括零阶保持器在内的广义对象的脉冲传递函数：

$$G(z)=Z\left[\frac{1-e^{-TS}}{S}\times\frac{5}{S(S+1)}\right]\tag{5－6－8}$$

经 Z 变换后：

$$G(z)=5(1-z^{-1})\left[\frac{Tz^{-1}}{(1-z^{-1})^2}-\frac{(1-e^{-T})z^{-1}}{(1-z^{-1})(1-e^{-T}z^{-1})}\right]=\frac{5Tz^{-1}}{1-z^{-1}}-\frac{5(1-e^{-T})z^{-1}}{1-e^{-T}z^{-1}}\tag{5－6－9}$$

令采样周期 $T=1$ s 将 $T=1$ s 代入式(5－6－9)，得：

$$G(z)=\frac{5z^{-1}}{1-z^{-1}}-\frac{5(1-e^{-1})z^{-1}}{1-e^{-1}z^{-1}}=\frac{1.839z^{-1}(1+0.718z^{-1})}{(1-z^{-1})(1-0.368z^{-1})}\tag{5－6－10}$$

(2)根据输入信号类型(本实验的输入为阶跃信号)，求出数字控制器的脉冲传递函数 $D(z)$。

当系统为单位阶跃输入时，据式(5－6－4)系统的闭环脉冲传递函数：$\phi(z)=z^{-1}$

将式(5－6－10)和(5－6－4)代入式(5－6－2)，可得到数字控制器的脉冲传递函数 $D(z)$：

$$D(z)=\frac{\phi(z)}{G(z)[1-\varphi(z)]}=\frac{z^{-1}(1-z^{1})(1-0.368z^{-1})}{1.839z^{-1}(1+0.718z^{-1})(1-z^{-1})}=\frac{0.544-0.2z^{-1}}{1+0.718z^{-1}}\tag{5－6－11}$$

(3)设计算机输入为 $E(z)$，输出为 $U(z)$，列出数字控制器的脉冲传递函数标准解析式：

$$D(Z)=\frac{U(Z)}{E(Z)}=\frac{K_0+K_1Z^{-1}+K_2Z^{-2}+K_3Z^{-3}}{1+P_1Z^{-1}+P_2Z^{-2}+P_3Z^{-3}}\tag{5－6－12}$$

(4)将式(5－6－12)写成后向差分方程，则有：

$$U_K=K_0E_K+K_1E_{K-1}+K_2E_{K-2}+K_3E_{K-3}-P_1U_{K-1}-P_2U_{K-2}-P_3U_{K-3}\tag{5－6－13}$$

式中 $E_K\sim E_{K-3}$ 为误差输入；$U_{K-1}\sim U_{K-3}$ 为计算机输出。

(5)列出后向差分方程的各项系数 K_i 与 P_i（K_i 与 P_i 取值范围：－0.99～＋0.99)。

$K_0=0.544$　$K_1=-0.20$　$K_2=K_3=0$　$P_1=0.718$　$P_2=P_3=0$

计算机运算还设有溢出处理，当计算机控制输出超过 00H－FFH 时(对应于模拟量－5V～＋5V)，则计算机输出相应的极值 00H 或 FFH。每次计算完控制量，计算机立即输出，并且将各次采入的误差与各次计算输出作延时运算，最后再作一部分下次的输出控制量计算。这样当采入下次误差信号时，可减少运算次数，从而缩短计算机的纯延时时间。

三、实验内容及步骤

最少拍有纹波系统构成如图 5.6.2 所示。本实验将函数发生器(B5)单元作为信号发生器，OUT 输出施加于被测系统的输入端 Ui，观察 OUT 从 0 V 阶跃＋2.5 V 时被测系统的最少拍控制特性。

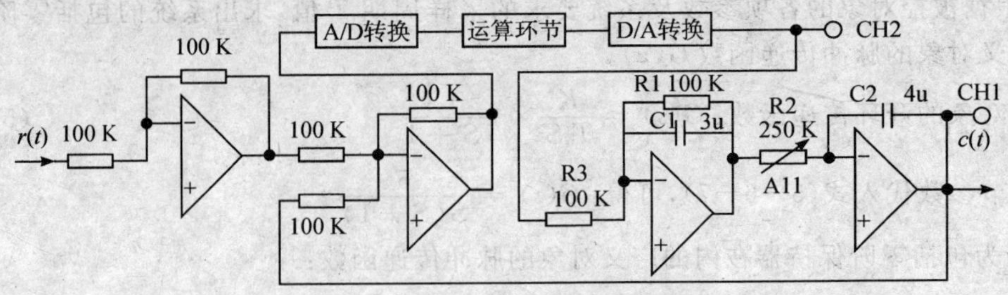

图 5.6.2 最少拍有纹波系统构成

实验步骤：

1. 最小拍有波纹控制算法系统构成如图 5.6.2 所示。

2. DA 输出电压设置为－2.5～＋2.5 V。

3. 按照实验原理及程序流程图 5.6.4，编写控制程序。

参考结果：

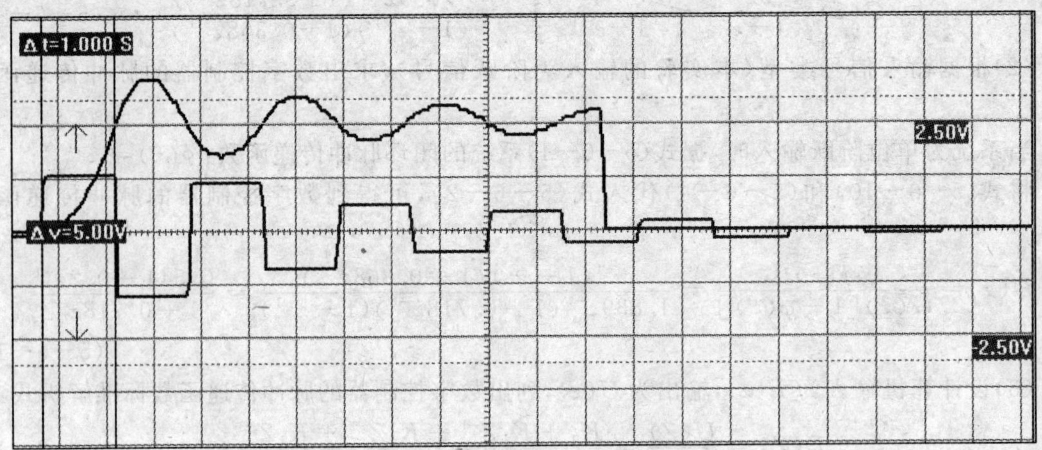

图 5.6.3 运行最少拍有纹波算法的输出波形

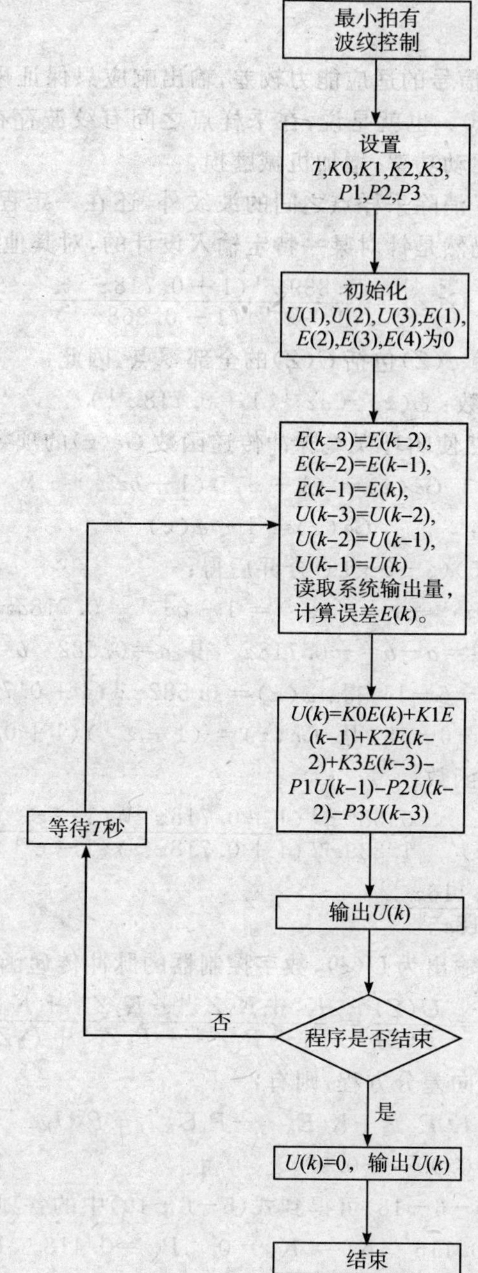

图 5.6.4　程序流程图

5.6.2　最少拍无纹波设计

一、实验要求

1. 了解和掌握最少拍控制系统纹波消除的方法。
2. 观察和分析最少拍控制系统的输出波形是否符合设计要求。

二、实验原理及说明

最少拍随动系统对输入信号的适应能力较差，输出响应只保证采样点上的误差为 0，不能确保采样点之间的误差也为 0。也就是说，在采样点之间有纹波存在。输出纹波不仅造成误差，而且还消耗执行机构的驱动功率，增加机械磨损。

最少拍无波纹设计，除了消除采样点之间的波纹外，还在一定程度上减小了控制能量，降低了对参数的敏感度，但它仍然是针对某一特定输入设计的，对其他输入的适应性仍不好。

在（式 5－6－10）中 $G(z)=\dfrac{1.839z^{-1}(1+0.718z^{-1})}{(1-z^{-1})(1-0.368z^{-1})}$

如考虑无纹波要求，应使 $\varphi(Z)$ 包括 $G(Z)$ 的全部零点，因此：

系统的闭环脉冲传递函数：$\varphi(z)=az^{-1}(1+0.718z^{-1})$ （5－6－14）

$\varphi(Z)$ 零点多了一个，必然使闭环误差脉冲传递函数 $Ge(z)$ 的项数增加一个，即：

$$Ge(z)=(1-z^{-1})(1+bz^{-1}) \quad (5-6-15)$$

闭环误差脉冲传递函数： $Ge(z)=1-\varphi(z)$ （5－6－16）

式（5－6－14）（5－6－15）（5－6－16）合并后得：

$$1+bz^{-1}-z^{-1}-bz^{-2}=1-az^{-1}-0.718az^{-2}$$

比较等式两边系数：$b-1=a-b=-0.718a$ 得：$a=0.582$ $b=0.418$

把（$a=0.582$）代入式（5－6－14）得：$\varphi(z)=0.582z^{-1}(1+0.718z^{-1})$

把（$b=0.418$）代入式（5－6－15）得：$Ge(z)=(1-z^{-1})(1+0.418z^{-1})$

数字控制器的脉冲传递函数：

$$D(z)=\frac{\varphi(z)}{G(z)Ge(z)}=\frac{0.582z^{-1}(1+0.718z^{-1})(1-z^{-1})(1-0.368z^{-1})}{1.839z^{-1}(1+0.718z^{-1})(1-z^{-1})(1+0.418z^{-1})}$$

$$=\frac{0.316-0.116z^{-1}}{1+0.418z^{-1}} \quad (5-6-17)$$

设计算机输入为 $E(z)$，输出为 $U(z)$，数字控制器的脉冲传递函数标准解析式为：

$$D(Z)=\frac{U(Z)}{E(Z)}=\frac{K_0+K_1Z^{-1}+K_2Z^{-2}+K_3Z^{-3}}{1+P_1Z^{-1}+P_2Z^{-2}+P_3Z^{-3}} \quad (5-6-18)$$

将式（5－6－18）写成后向差分方程，则有：

$$U_K=K_0E_K+K_1E_{K-1}+K_2E_{K-2}+K_3E_{K-3}-P_1U_{K-1}-P_2U_{K-2}-P_3U_{K-3} \quad (5-6-19)$$

（K_i 与 P_i 取值范围：$-0.99\sim+0.99$）

根据式（5－6－17）和（5－6－18）可得到式（5－6－19）中的各项参数：

$K_0=0.316$ $K_1=-0.116$ $K_2=K_3=0$ $P_1=0.418$ $P_2=P_3=0$

三、实验内容及步骤

实验步骤：

1. 最小拍无波纹控制算法系统构成如图 5.6.2 所示。
2. DA 输出电压设置为－2.5～＋2.5 V。
3. 按照实验原理及程序流程图 5.6.6，编写控制程序。

参考实验结果：

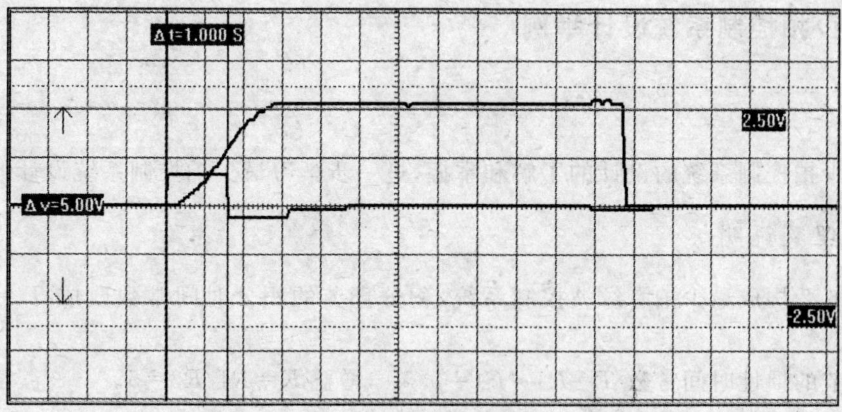

图 5.6.5　运行最少拍无纹波算法的输出波形

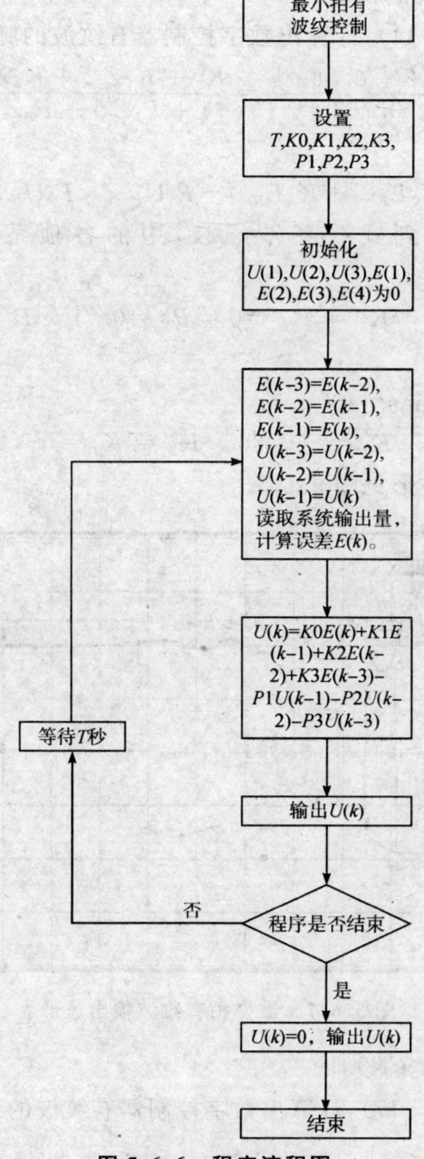

图 5.6.6　程序流程图

5.6.3 最少拍控制系统设计举例

一、实验要求

强化最少拍控制系统的设计的了解和掌握，进一步学习最少拍控制系统设计的算法。

二、实验原理及说明

按图 5.6.2 构成最少拍有纹波控制系统，积分环节的积分时间常数改成 $Ti=R2*C2=0.5$ s，

惯性环节的惯性时间常数 $T=R1*C1=0.5$ s，增益 $K=R1/R3=5$。

被控对象的开环传递函数为：$G(s)=\dfrac{5}{0.5s(0.5s+1)}$ 采样周期 $T=0.4$ s

1. 最少拍有纹波控制系统的设计

据式(5－6－8)～(5－6－11)，计算出数字控制器有纹波的脉冲传递函数 $D(z)$：

$$D(z)=\frac{0.802-0.36z^{-1}}{1+0.767z^{-1}}=\frac{K_0+K_1Z^{-1}+K_2Z^{-2}+K_3Z^{-3}}{1+P_1Z^{-1}+P_2Z^{-2}+P_3Z^{-3}} \quad (5-6-20)$$

写成后向差分方程，则有：

$$U_K=K_0E_K+K_1E_{K-1}+K_2E_{K-2}+K_3E_{K-3}-P_1U_{K-1}-P_2U_{K-2}-P_3U_{K-3} \quad (5-6-21)$$

据式(5－6－20)可得到式(5－6－21)中的各项系数：(K_i 与 P_i 取值范围：－0.99～＋0.99)

$K_0=0.8$　$K_1=-0.36$　$K_2=K_3=0$　$P_1=0.77$　$P_2=P_3=0$

实验步骤：

采样周期改为 $T=80*5$ ms＝400 ms

K_i 与 P_i 改为：$K_0=0.8$　$K_1=-0.36$　$K_2=K_3=0$　$P_1=0.77$　$P_2=P_3=0$

最少拍有纹波系统输出波形见图 5.6.7。

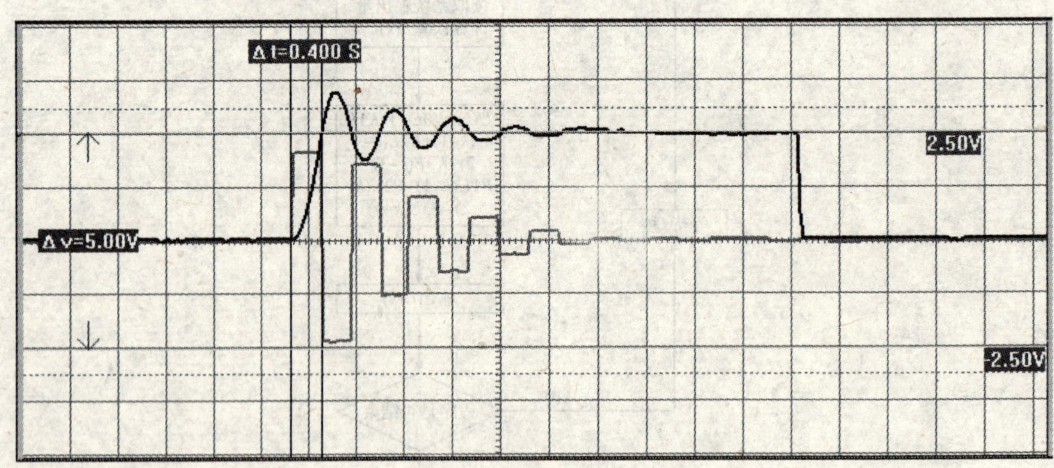

图 5.6.7 最少拍有纹波输出波形

2. 最少拍无纹波控制系统的设计

据式(5－6－14)～(5－6－17)，计算出数字控制器有纹波的脉冲传递函数 $D(z)$：

$$D(z)=\frac{0.454-0.204z^{-1}}{1+0.434z^{-1}}=\frac{K_0+K_1Z^{-1}+K_2Z^{-2}+K_3Z^{-3}}{1+P_1Z^{-1}+P_2Z^{-2}+P_3Z^{-3}} \quad (5-6-22)$$

写成后向差分方程，则有：

$$U_K=K_0E_K+K_1E_{K-1}+K_2E_{K-2}+K_3E_{K-3}-P_1U_{K-1}-P_2U_{K-2}-P_3U_{K-3} \quad (5-6-23)$$

据式(5－6－22)可得到式(5－6－23)中的各项系数：(K_i 与 P_i 取值范围：－2.5～＋2.5 V)

$K_0=0.45$　$K_1=-0.20$　$K_2=K_3=0$　$P_1=0.43$　$P_2=P_3=0$

实验步骤：(电路构造和连线不变)

采样周期改为 $T=80*5\text{ ms}=400\text{ ms}$

K_i 与 P_i 改为：$K_0=0.45$　$K_1=-0.20$　$K_2=K_3=0$　$P_1=0.43$　$P_2=P_3=0$

最少拍无纹波系统输出波形见图 5.6.8。

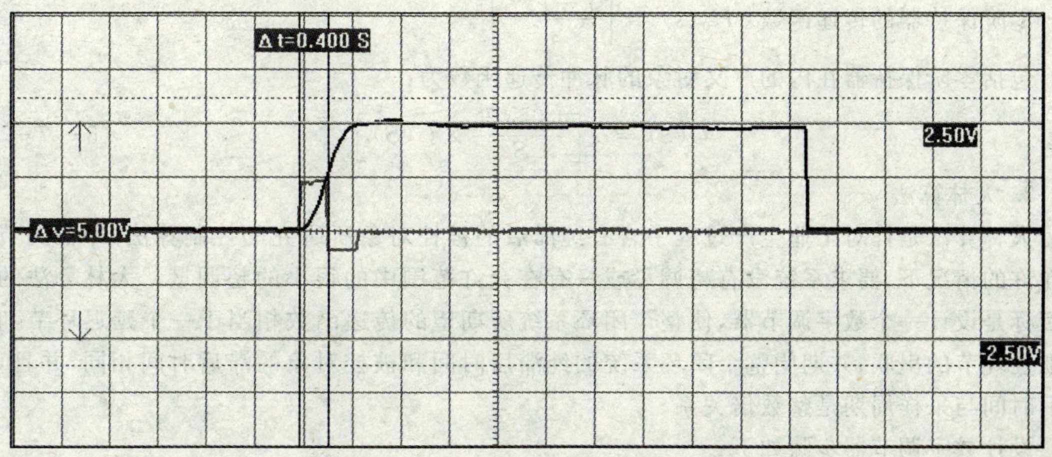

图 5.6.8　最少拍无纹波系统输出波形

5.7　大林算法

一、实验要求

1. 了解和掌握数字控制器的原理和直接设计方法。
2. 了解和掌握用 Z 传递函数建立后向差分方程的方法。
3. 完成对大林算法控制系统的设计及控制参数 Ki、Pi 的计算。
4. 理解和掌握大林算法中有关振铃产生的原因及消除的方法。
5. 观察和分析大林算法控制系统的输出波形是否符合设计要求。

二、实验原理及说明

1. 数字控制器

数字 PID 控制器是基于连续系统的机数字模拟设计技术，这种连续化设计技术适用于被控对象难以表达的情况，其质量难以保证。如果能知道系统确切的闭环脉冲传递函数、广义对象的脉冲传递函数，根据采样定理，在线性系统离散化理论的基础上，应用 Z 变换求得数字控制器的脉冲传递函数，就能设计出高质量的数字控制器。这类方法称为数字控制器的直接设计方法。

数字控制器的原理方框图见图 5.7.1 所示：

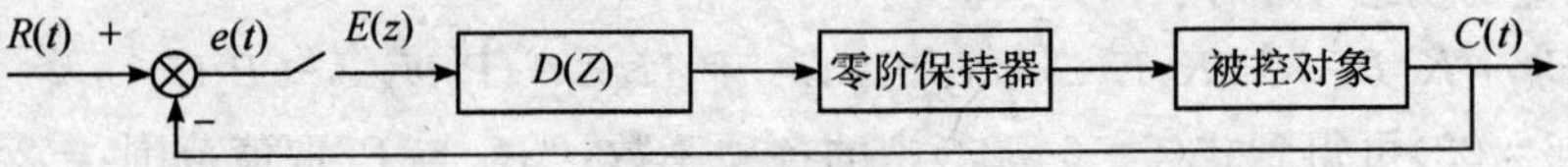

图 5.7.1 数字控制器的原理方框图

系统的闭环脉冲传递函数：$\varphi(z)=\dfrac{C(z)}{R(z)}=\dfrac{D(z)G(z)}{1+D(z)G(z)}$ (5—7—1)

数字控制器的脉冲传递函数：$D(z)=\dfrac{\varphi(z)}{G(z)[1-\varphi(z)]}$ (5—7—2)

零阶保持器的传递函数：$H_0(s)=\left[\dfrac{1-e^{-Ts}}{s}\right]$

包括零阶保持器在内的广义对象的脉冲传递函数为：

$$G(z)=Z\left[\frac{1-e^{-TS}}{S}\times G(S)\right] \quad (5-7-3)$$

2. 大林算法

大林算法是针对工业生产过程中含有纯滞后的被控对象所研究的控制算法，即在调节时间允许的情况下，要求系统没有超调量或只有在允许范围中的很小的超调量。大林算法的设计目标是设计一个数字调节器，使整个闭环系统所期望的传递函数相当于一个延迟环节和一个惯性环节的串联，并期望整个闭环系统的纯滞后时间和被控对象的滞后时间相同，并且，纯滞后时间与采样周期是整数倍关系。

设计数字调节器步骤如下：

(1)根据被控对象的各项参数及系统要求的采样周期 T 值，求出系统的包括零阶保持器在内的广义对象的脉冲传递函数 $G(z)$。

据上所述，欲设计出高质量的数字控制器，大林算法控制系统的闭环传递函数应符合下式：

$$\phi(s)=\frac{e^{-ts}}{T_0s+1} \quad (5-7-4)$$

T_0 为校正后闭环系统的时间常数，t 为闭环系统的纯滞后时间($t=LT$)

大多数的工控对象均可近似地描述成具有带纯滞后的一阶或二阶惯性环节。

具有带纯滞后的一阶惯性环节的传递函数：$G(s)=\dfrac{Ke^{-ts}}{T_1s+1}$ (5—7—5)

T_1 为被控对象的时间常数，t 为被控对象的纯滞后时间($t=LT$)，T 为采样周期。

$G(z)$为包括零阶保持器在内的广义对象的脉冲传递函数：

$$G(Z)=Z\left[\frac{1-e^{-Ts}}{s}\times\frac{Ke^{-ts}}{T_1s+1}\right]$$

$$=\frac{Kz^{-(L+1)}(1-e^{-\frac{T}{T_1}})}{1-e^{-\frac{T}{T_1}}z^{-1}} \quad (5-7-6)$$

延迟系数：$L=1$

(2)根据输入信号类型(本实验的输入为阶跃信号)，求出数字控制器的脉冲传递函数 $D(z)$：

$$D(z)=\frac{\varphi(z)}{G(z)[1-\varphi(z)]}=\frac{(1-e^{-\frac{T}{T_1}}z^{-1})\frac{z^{-(L+1)}(1-e^{-\frac{T}{T_0}})}{1-e^{-\frac{T}{T_0}}z^{-1}}}{Kz^{-(L+1)}(1-e^{-\frac{T}{T_1}})[1-\frac{z^{-(L+1)}(1-e^{-\frac{T}{T_0}})}{1-e^{-\frac{T}{T_0}}z^{-1}}]}$$

$$=\frac{(1-e^{-\frac{T}{T_1}}z^{-1})(1-e^{-\frac{T}{T_0}})}{K(1-e^{-\frac{T}{T_1}})[1-e^{-\frac{T}{T_0}}z^{-1}-(1-e^{-\frac{T}{T_0}})z^{-(L+1)}]} \quad (5-7-7)$$

(3)设计算机输入为 $E(z)$，输出为 $U(z)$)，列出数字控制器的脉冲传递函数标准解析式：

$$D(Z)=\frac{U(Z)}{E(Z)}=\frac{K_0+K_1Z^{-1}+K_2Z^{-2}+K_3Z^{-3}}{1+P_1Z^{-1}+P_2Z^{-2}+P_3Z^{-3}} \quad (5-7-8)$$

(4)将式(5－7－8)写成后向差分方程，则有：

$$U_K=K_0E_K+K_1E_{K-1}+K_2E_{K-2}+K_3E_{K-3}-P_1U_{K-1}-P_2U_{K-2}-P_3U_{K-3} \quad (5-7-9)$$

式中 $E_K \sim E_{K-3}$ 为误差输入；$U_{K-1} \sim U_{K-3}$ 为计算机输出。

(5)列出后向差分方程的各项系数 K_i 与 P_i（K_i 与 P_i 取值范围：－0.99～＋0.99）。

2. 大林算法振铃现象及其消除方法

振铃现象是指数字控制器的输出以接近 1/2 采样频率的频率大幅度衰减振荡。振铃现象并不是大林算法特有的现象，它与最少拍控制中的波纹实质是一致的，振铃现象会引起在采样点间系统输出波纹，在有交互作用的多系数系统中，甚至会威胁到系统的稳定性，因此在系统设计时，必须清除振铃。

振铃现象产生的根源在于 $Q(z)$ 中 $z=-1$ 附近有极点。极点在 $z=-1$ 时最严重，离 $z=-1$ 越远，振铃现象就越弱。如在单位圆内右半平面有零点时，会加剧振铃现象；而在左半平面有极点时，则会减轻振铃现象。

衡量振铃现象的强烈程度的量是振铃幅度 RA。它的定义：控制器在单位阶跃输入作用下，第 0 次输出幅度与第 1 次输出幅度之差值。

据式(5－7－7)可求出振铃幅值为：$RA=e^{-\frac{T}{T_1}}-e^{-\frac{T}{T_0}}$ (5－7－10)

T_0：校正后闭环系统的时间常数，T_1：被控对象的时间常数。

如果选 $T_0 \geqslant T_1$，则 $RA \leqslant 0$，无振铃现象；如果选择 $T_0 < T_1$ 时，则有振铃现象。由此可见改变校正后闭环系统的时间常数 T_0，使 $T_0 \geqslant T_1$，即可控制振铃现象。实际上，在工业控制中，对于校正后闭环系统的时间常数也是有严格要求的，不能随意改变。

大林提出消除振铃消除的方法是：在不改变校正后闭环系统的时间常数 T_0，找出数字控制器 $D(z)$ 中引起振铃现象的因子，把振铃因子中 $z=1$，使之消除振铃现象。

5.7.1　有明显振铃现象的大林算法及振铃消除

一、实验要求

选择适当的参数，使系统有明显的振铃现象，分析参数对系统输出的影响。

二、实验原理及说明

搭建如图 5.7.2 系统，其被控对象由一个惯性环节组成。

惯性环节的惯性时间常数 $T=R1*C1=1.2$ s，增益 $K=R1/R2=10$。

根据设计要求，确定 $D(z)$ 的各个参数：

(1)采样周期 $T=0.4$ s (2)放大倍数 $K=10$

(3)被控对象的时间常数 $T_1=1.2$ s (4)校正后闭环系统的时间常数 $T_0=0.4$ s

(5)被控对象的纯滞后时间 t 为采样周期 T 的倍数 (6)延迟系数:$L=1$

以上各参数代入式 5－7－7,计算得数字控制器的脉冲传递函数 $D(z)$:

$$D(z)=\frac{0.223-0.159z^{-1}}{1-0.368z^{-1}-0.632z^{-2}}=\frac{0.223-0.1598z^{-1}}{(1-z^{-1})(1+0.632z^{-1})} \quad (5-7-11)$$

根据式(5－7－11)和(5－7－8)可得到式(5－7－9)中的各项系数:(K_i 与 P_i 取值范围:－0.99～0.99)

$K0=0.22$ $K1=-0.16$ $K2=K3=0$ $P1=-0.37$ $P2=-0.63$ $P3=0$

据式(5－7－10)可求出振铃幅值为:$RA=e^{-\frac{T}{T_1}}-e^{-\frac{T}{T_0}}$

振铃消除:

从式(5－7－11)可知,由于 $D(z)$ 中含有左半圆内的极点 $(1+0.632z^{-1})$,所以将 Z 取为 1,即成为 1＋0.632＝1.632,代入式(5－7－11)

则:$$D(z)=\frac{0.223-0.1598z^{-1}}{(1-z^{-1})1.632}=\frac{0.137-0.098z^{-1}}{1-z^{-1}} \quad (5-7-12)$$

根据式(5－7－12)和(5－7－8)可得到式(5－7－9)中的各项系数:(K_i 与 P_i 取值范围:－0.99～0.99)

$K0=0.14$ $K1=-0.1$ $K2=K3=0$ $P1=-0.99$ $P2=P3=0$

三、实验内容及步骤

大林算法系统构成如图 5.7.2 所示。本实验将连续阶越信号发生器作为信号发生器,观察 $r(t)$ 从 0 V 阶跃＋2.5 V 时被测系统的大林算法控制特性。

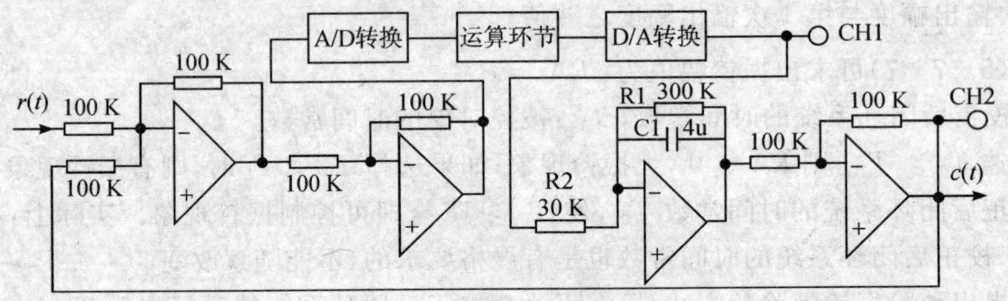

图 5.7.2 大林算法系统构成

实验步骤:

(1)将连续阶越信号作为系统输入 R。(连续的正输出宽度足够大的阶跃信号)

(2)构造模拟电路:按图 5.7.2 联线。

(3)按流程图 5.7.5 编写程序运行、观察、记录

A. 大林算法

复核输入信号:先运行程序,采样周期 $T=0.4$ s,

设定参数:$K_0=0.22$ $K_1=-0.16$ $K_2=K_3=0$ $P_1=-0.37$ $P_2=-0.63$ $P_3=0$

有明显振铃现象的大林算法的输出波形见图 5.7.3。

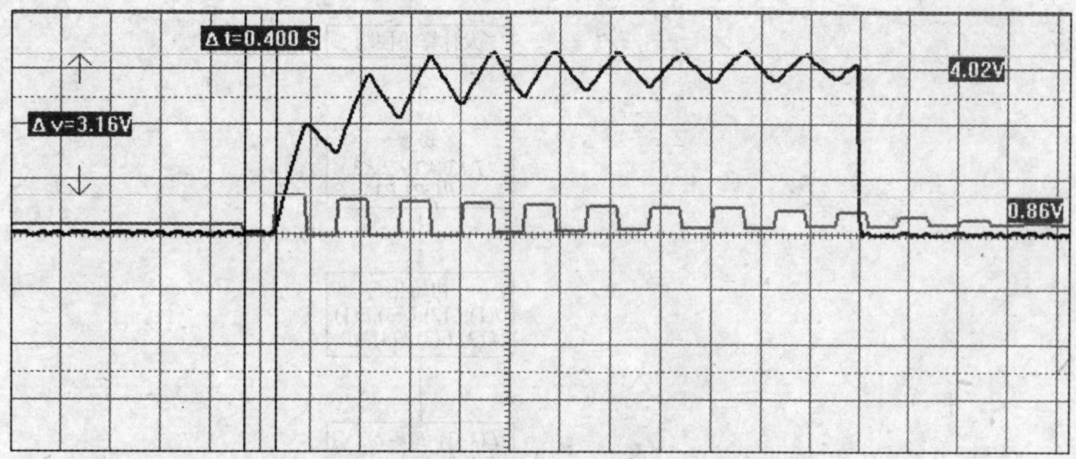

图 5.7.3　有明显振铃现象的大林算法的输出波形

说明：

①由于 $D(z)$算法是根据系统的被控对象传递函数及期望的闭环传递函数设计的。所以当被控制对象传递函数稍有不准时，输入计算机内存的参数和被控对象的传递函数不一致，也就是说被控对象不能很好的被控制。可能会使系统输出产生一定的稳态误差。

②将输入改为其他类型信号，如斜坡信号，观察大林算法对斜坡输入响应特性。从示波器上将观察到系统输出不能完全跟踪输入，产生了稳态误差。

本实验中 $D(z)$设计是针对阶跃输入信号的，当改变输入信号为斜坡，而 $D(z)$的设计方法仍按阶跃设计，那么系统将不能完全跟踪输入，以致产生稳态误差。也就是说，针对一种典型输入函数设计的闭环脉冲传函，用于次数较低的输入函数时，系统将会出现较大的超调，响应时间也会增加，用于次数较高的输入函数时，系统将不能完全跟踪输入，以至产生稳态误差。

B. 振铃消除

运行、观察、记录：

设定采样周期 $T=0.4$ s，重新设定控制参数：

$$K0=0.14\quad K1=-0.1\quad K2=K3=0\quad P1=-0.99\quad P2=P3=0$$

2. 用虚拟示波器（示波选项）中的 CH1 观察数模转换器单元的输出端，观察数字控制器的输出，应观察到振铃现象已消除，用虚拟示波器中的 CH2 观察系统输出波形。

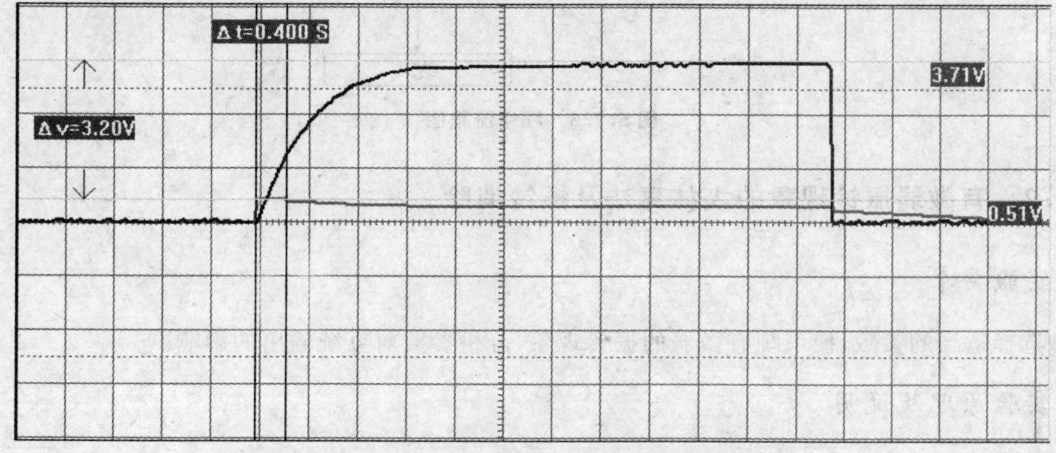

图 5.7.4　大林算法消除振铃的系统输出波形

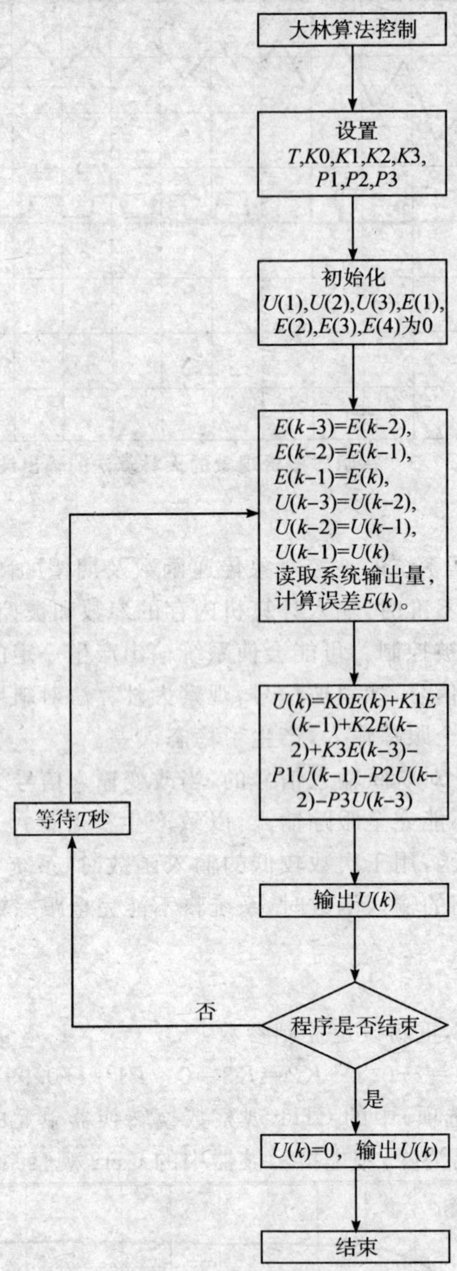

图 5.7.5　程序流程图

5.7.2　有微弱振铃现象的大林算法及振铃消除

一、实验要求

选择适当的参数，使系统有微弱的振铃现象，分析参数对系统输出的影响。

二、实验原理及说明

在“有明显振铃现象的大林算法”基础上，其他参数不变，仅仅略微增加“校正后闭环系统

的时间常数 T_0”，则虽然仍有振铃现象，但振铃幅值将减小。

(1)采样周期 $T=0.4$ s

(2)放大倍数　$k=10$

(3)被控对象的时间常数　$T_1=1.2$ s

(4)校正后闭环系统的时间常数　$T_0=0.6$ s

(5)被控对象的纯滞后时间 t 为采样周期 T 的倍数

(6)延迟系数：$L=1$

参数代入式 5－7－7，计算得：

$$D(z)=\frac{0.172-0.123z^{-1}}{1-0.513z^{-1}-0.487z^{-2}}=\frac{0.172-0.123z^{-1}}{(1-z^{-1})(1+0.487z^{-1})}\quad(5-7-13)$$

根据式(5－7－13)和(5－7－8)可得到式(5－7－9)中的各项系数：(K_i 与 P_i 取值范围：－0.99～0.99)

$K_0=0.17$　$K_1=-0.12$　$K_2=K_3=0$　$P_1=-0.51$　$P_2=-0.49$　$P_3=0$

振铃消除：

从式(5－7－13)可知，由于 $D(z)$ 中含有左半圆内的极点 $(1+0.632z^{-1})$，所以将 Z 取为 1，即成为 1＋0.487＝1.487，代入式(5－7－13)

由于 $D(z)$ 中含有左半圆内的极点 $(1+0.487z^{-1})$，所以将 Z 取为 1，即成为 1＋0.487＝1.487

则：$$D(z)=\frac{0.172-0.123z^{-1}}{(1-z^{-1})1.487}=\frac{0.115-0.083z^{-1}}{1-z^{-1}}\quad(5-7-14)$$

根据式(5－7－14)和(5－7－8)可得到式(5－7－9)中的各项系数：(Ki 与 Pi 取值范围：－0.99～0.99)

$K0=0.12$　$K1=-0.08$　$K2=K3=0$　$P1=-0.99$　$P2=P3=0$

三、实验内容及步骤

实验系统构成和步骤同上。

(1)将连续阶越信号作为系统输入 R。(连续的正输出宽度足够大的阶跃信号)

(2)构造模拟电路：按图 5.7.2 联线。

(3)按流程图 5.7.5 编写程序运行、观察、记录

A. 大林算法

1. 设定采样周期 $T=0.4$ s，“计算公式”栏：

设定参数：$K_0=0.17$　$K_1=-0.12$　$K_2=K_3=0$　$P_1=-0.51$　$P_2=-0.49$　$P_3=0$

2. 用虚拟示波器(示波选项)中的 CH1 观察数模转换器单元的输出，观察数字控制器的输出，观察振铃现象，用虚拟示波器中的 CH2 观察系统输出波形。

可见如果选择 $T_0<T_1$ 时，有振铃现象，并且 T_0 越接近 T_1，振铃现象越微弱。

B. 振铃消除

运行、观察、记录：

1. 设定采样周期 $T=0.4$ s，“计算公式”栏中需重新设定控制参数：

$K0=0.12$　$K1=-0.08$　$K2=K3=0$　$P1=-0.99$　$P2=P3=0$

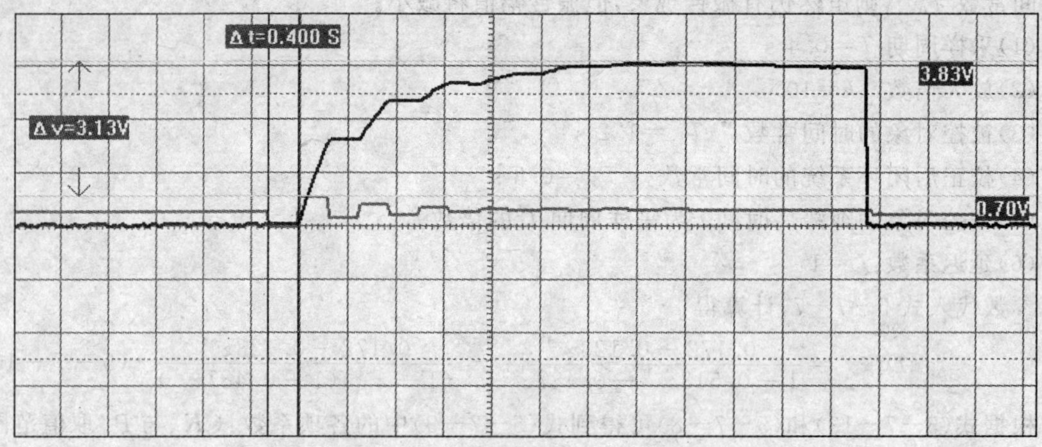

图 5.7.6 有微弱振铃现象的大林算法的输出波形

2. 用虚拟示波器(示波选项)中的 CH1 观察数模转换器单元的输出,观察数字控制器的输出,观察振铃现象,用虚拟示波器中的 CH2 观察系统输出波形。

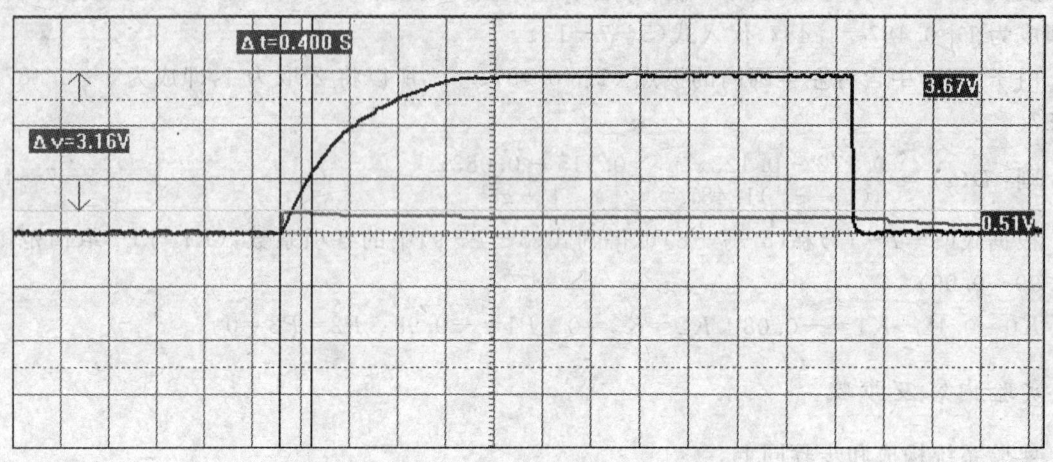

图 5.7.7 大林算法消除振铃的系统输出波形

5.7.3 无振铃现象的大林算法

一、实验要求

选择适当的参数,使系统无振铃现象,分析参数对系统输出的影响。

二、实验原理及说明

在"有微弱振铃现象的大林算法"基础上,其他参数不变,仅仅增加"校正后闭环系统的时间常数" T_0,使 $T_0 \geqslant T_1$,则使系统无振铃现象。

(1)采样周期 $T=0.4$ s

(2)放大倍数 $K=10$

(3)被控对象的时间常数 $T_1=1.2$ s

(4)校正后闭环系统的时间常数 $T_0=1.5\ \text{s}$

(5)被控对象的纯滞后时间 t 为采样周期 T 的倍数

(6)延迟系数:$L=1$

参数代入式 5—7—7,计算得:

$$D(z)=\frac{0.083-0.059z^{-1}}{1-0.766z^{-1}-0.234z^{-2}} \tag{5—7—15}$$

根据式(5—7—15)和(5—7—8)可得到式(5—7—9)中的各项系数:(K_i 与 P_i 取值范围:$-0.99\sim0.99$)

$K_0=0.08$ $K_1=-0.06$ $K_2=K_3=0$ $P_1=-0.77$ $P_2=-0.23$ $P_3=0$

三、实验内容及步骤

实验系统构成和步骤同上。

(1)将连续阶越信号作为系统输入 R。(连续的正输出宽度足够大的阶跃信号)

(2)构造模拟电路:按图 5.7.2 联线。

(3)按流程图 5.7.5 编写程序运行、观察、记录

设定采样周期 $T=0.4\ \text{s}$:

设定参数:$K_0=0.08$ $K_1=-0.06$ $K_2=K_3=0$ $P_1=-0.77$ $P_2=-0.23$ $P_3=0$

2. 用虚拟示波器(示波选项)中的 CH1 观察数模转换器单元的输出,观察数字控制器的输出,观察振铃现象,用虚拟示波器中的 CH2 观察系统输出波形。

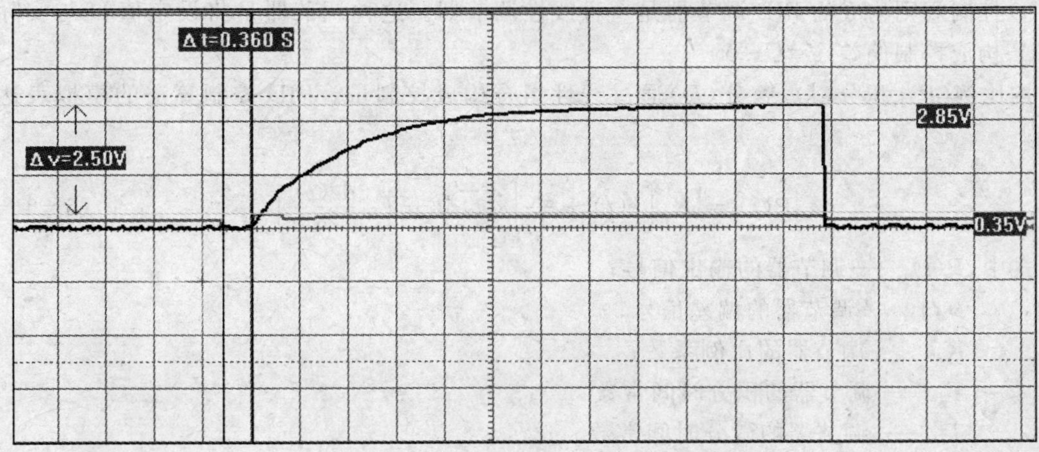

图 5.7.8 无振铃现象的大林算法的输出波形

可见如果选择 $T_0>T_1$ 时,无振铃现象。

第六章 控制系统实验

6.1 直流电机闭环调速实验

一、实验要求

1. 巩固闭环控制系统的基本概念。
2. 了解闭环控制系统中反馈量的引入方法。
3. 掌握 PID 算法数字化的方法和编程。

二、实验原理及说明

1. PID 控制

按偏差的比例、积分、微分控制(简称 PID 控制)是过程控制中应用最广的一种控制规则。由 PID 控制规则构成的 PID 调节器是一种线性调节器。这种调节器是将设定值 U 与实际输出值 Y 构成控制偏差:$e=U-Y$

按比例(P)、积分(I)、微分(D)通过线性组合构成控制量。PID 控制算法的模拟表达式是:

$$P(t)=K_p\left[e(t)+\frac{1}{T_I}\int_0^t e(t)\mathrm{d}t+T_D\frac{\mathrm{d}e(t)}{\mathrm{d}t}\right] \tag{6-1-1}$$

式中,$P(t)$ ——调节器的输出信号;

$e(t)$ ——调节器的偏差信号;

K_P ——调节器的比例系数;

T_I ——调节器的积分时间常数;

T_D ——调节器的微分时间常数。

在实际应用中,根据对象特征和控制要求,也可灵活改变其结构,取其一部分构成控制,例如:比例(P)调节器、比例积分(PI)调节器、比例微分调节器(PD)等。

比例调节器是一种最简单的调节器。它具有反应快、无滞后的特点,抗干扰,使被控参数稳定在给定值附近。但是,对于具有自平衡系统(即系统阶跃响应为一有限值)的被控对象存在静差。对于某一给定系统,当负荷变化时,静差大小与比例作用的强弱有关。加大比例系数可以减小静差,但 K_P 过大时,会使动态质量变差,引起控制量振荡甚至导致闭死不稳定。

比例积分调节器是在比例调节器的基础上增加积分调节规律。积分调节规律的实质是调节器输出的变化速度与输入偏差的大小成正比。只要有偏差,调节器输出的调节信号就不断变化,执行器就不断动作,直至偏差信号消除。因此,积分作用能消除比例调节器的静差。但是积分调节动作缓慢,其调节作用总是滞后于偏差信号的变化。

在上述 PI 调节器的基础上再加上微分调节环节就构成了 **PID 调节器**。微分调节作用可以克服积分调节作用缓慢性，避免积分作用可能降低系统响应速度的缺点。另外，微分调节的加入有助于减小超调、克服振荡，改善系统的动态性能。

2. PID 算法的数字实现

由于 DDC(Direct Digital Control)系统是一种时间离散控制系统。因此，为了用计算机实现式(6—1—1)必须将其离散化，(详见第 5.5。1 节〈标准 PID 控制算法〉)

用数字形式的差分方程来代替连续系统的微分方程：

$$P(n) = K_P\left\{e(n) + \frac{T}{T_I}\sum_{j=0}^{n}e(j) + \frac{T_D}{T}[e(n) - e(n-1)]\right\} \tag{6—1—2}$$

式中：T —采样周期(100 ms)；

$P(n)$ —第 n 次采样时计算机输出；

$e(n)$ —第 n 次采样时的偏差值；

$e(n-1)$ —第 $n-1$ 次采样时的偏差值；

n —采样序号，$n=0,1,2,\cdots$。

离散化的 PID 位置控制算式表达式为：

$$\mathrm{P(k)} = K_P E(k) + K_I\sum_{j=0}^{k}e(j) + K_D[E(k) - E(k-1)] \tag{6—1—3}$$

式中：$K_I = \frac{T}{T_I}K_P$—— 积分系数；

$K_D = \frac{T_D}{T}K_P$—— 微分系数。

由式(6—1—3)还可得离散化的位置型 P 控制、PI 控制和 PD 控制的编程表达式。

3. 实现直流电机的闭环调速

根据实验要求，即调速速率(上升时间)、超调量、调节时间及误差，选择 P I D 控制参数，实现直流电机闭环调速控制，观察调速控制曲线。直流电机闭环调速系统原理框图见图 6.1.2。

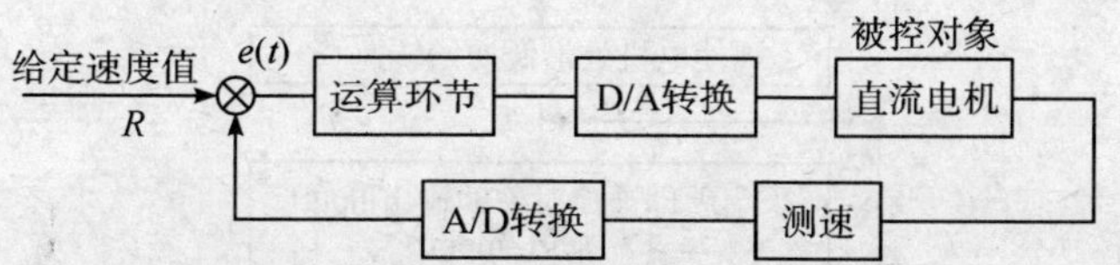

图 6.1.2　直流电机闭环调速系统原理框图

直流电机调速实验原理电路

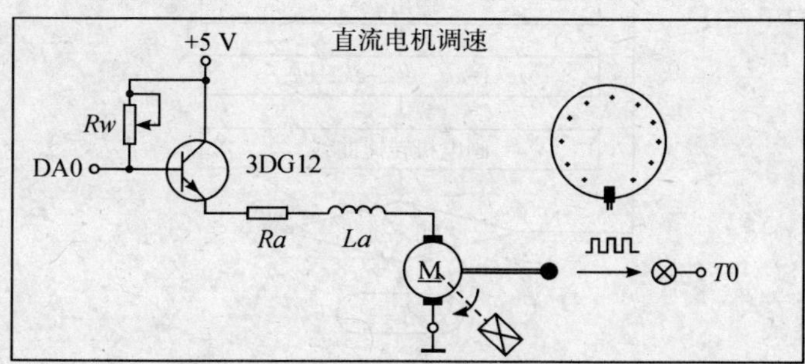

图 6.1.3　直流电机调速实验原理电路

基本工作原理：

整个电机调速系统由三大部分组成，第一部分为实验平台，主要完成实验参数设置和实验结果显示。第二部分为通信控制板，主要完成数据传输、速度采集、PID运算、产生控制电机的控制电压，第三部分由直流电机、控制电压功率放大器和光电脉冲电路组成。

电机转速测量原理：光电脉冲的产生由一对红外发射接收管完成，经整形后由OC端输出，电机每旋转一圈产生16个脉冲，由单片机计数，在每一个采样周期读取计数值，经计算可得电机的转速。经过PID运算得出0～5 V的控制电压，经功率放大后控制直流电机转速。

PID递推算法

如果PID调节器输入信号为$e(t)$，其输出信号为$u(t)$，则离散的递推算法如下：

$$U_k = K_P e_k + T_I e_{k2} + T_D(e_k - e_{k-1})$$ 其中e_{k2}是误差累积和。

电机转速曲线

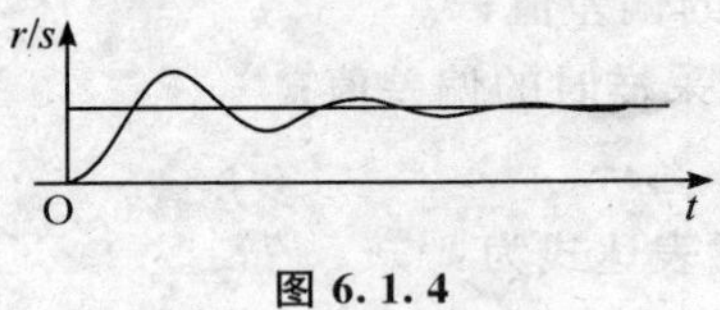

图 6.1.4

三、电机调速软件流程图

（ek为误差，$ek1$为上一次的误差，$ek2$为误差的累积和，uk是控制量）

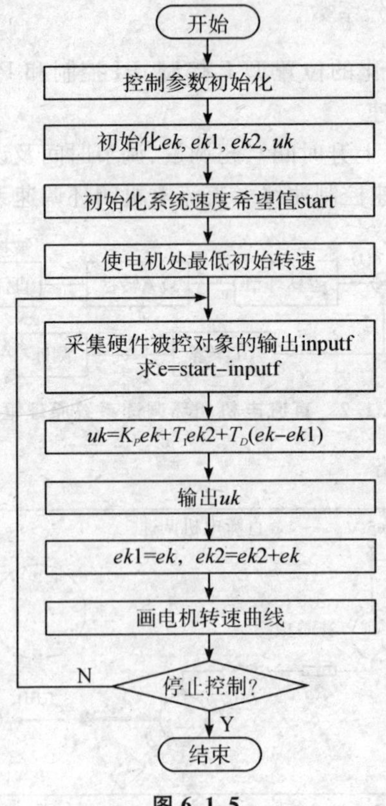

图 6.1.5

四、实验内容

1. 设定电机的速度在一恒定值。
2. 调整 P、I、D 各参数观察对其有何影响。

五、实验步骤(参考)

1. 按图 6.1.3 连线。插好 J0 短路子。
2. 打开实验箱电源。
3. 启动计算机,运行“SAC-ZJT-A1”,进入网络实验系统。
4. 选择串口(如不选择,则默认 COM1 为通讯口)。
5. 选择“对象控制”,点击“直流电机调速实验”。
6. 点击“启动显示”,打开实验界面。
7. 在“输入选择”中,选择实验参数。
8. 点击“运行”,观察响应曲线及稳态误差。
9. 改变参数,重复操作,观察不同参数时的响应曲线及稳态误差。取满意的参数,记录实验结果。

表 6.1.1　直流电机调速实验记录

采样周期(ms)	转速(r/s)	K_P	T_I	T_D	输出波形	Mp(%)	ts

6.2　温度闭环控制实验

一、实验要求

1. 巩固闭环控制系统的基本概念。
2. 掌握温度的一种采集方法。
3. 掌握 PID 算法数字化的方法和编程。
4. 了解、掌握消除系统积分饱和的“遇限削弱积分法”使用方法。

二、实验原理及说明

1. PID 控制

按偏差的比例、积分、微分控制(简称 PID 控制)是过程控制中应用最广的一种控制规则。由 PID 控制规则构成的 PID 调节器是一种线性调节器。这种调节器是将设定值 U 与实际输出值 Y 构成控制偏差:$e=U-Y$

按比例(P)、积分(I)、微分(D)通过线性组合构成控制量。PID 控制算法的模拟表达式是:

$$P(t) = K_p\left[e(t) + \frac{1}{T_I}\int_0^t e(t)\mathrm{d}t + T_D\frac{\mathrm{d}e(t)}{\mathrm{d}t}\right] \tag{6-2-1}$$

式中，$P(t)$ ——调节器的输出信号；

$e(t)$ ——调节器的偏差信号；

K_P ——调节器的比例系数；

T_I ——调节器的积分时间常数；

T_D ——调节器的微分时间常数。

在实际应用中，根据对象特征和控制要求，也可灵活改变其结构，取其一部分构成控制，例如：比例(P)调节器、比例积分(PI)调节器、比例微分调节器(PD)等。

比例调节器是一种最简单的调节器。它具有反应快、无滞后的特点，抗干扰，使被控参数稳定在给定值附近。但是，对于具有自平衡系统(即系统阶跃响应为一有限值)的被控对象存在静差。对于某一给定系统，当负荷变化时，静差大小与比例作用的强弱有关。加大比例系数可以减小静差，但 K_P 过大时，会使动态质量变差，引起控制量振荡甚至导致闭死不稳定。

比例积分调节器是在比例调节器的基础上增加积分调节规律。积分调节规律的实质是调节器输出的变化速度与输入偏差的大小成正比。只要有偏差，调节器输出的调节信号就不断变化，执行器就不断动作，直至偏差信号消除。因此，积分作用能消除比例调节器的静差。但是积分调节动作缓慢，其调节作用总是滞后于偏差信号的变化。

在上述 PI 调节器的基础上再加上微分调节环节就构成了 **PID 调节器**。微分调节作用可以克服积分调节作用缓慢性，避免积分作用可能降低系统响应速度的缺点。另外，微分调节的加入有助于减小超调、克服振荡，改善系统的动态性能。

2. PID 算法的数字实现

由于 DDC(Direct Digital Control)系统是一种时间离散控制系统。因此，为了用计算机实现式(6－2－1)必须将其离散化，(詳见第 5.51 节〈标准 PID 控制算法〉)

用数字形式的差分方程来代替连续系统的微分方程：

$$P(n) = K_P\left\{e(n) + \frac{T}{T_I}\sum_{j=0}^{n} e(j) + \frac{T_D}{T}[e(n) - e(n-1)]\right\} \tag{6-2-2}$$

式中：T —采样周期；

$P(n)$ —第 n 次采样时计算机输出；

$e(n)$ —第 n 次采样时的偏差值；

$e(n-1)$ —第 $n-1$ 次采样时的偏差值；

n ——采样序号，$n=0,1,2,\cdots$。

离散化的 PID 位置控制算式表达式为：

$$P(k) = K_P E(k) + K_I\sum_{j=0}^{k} e(j) + K_D[E(k) - E(k-1)] \tag{6-2-3}$$

式中：$K_I = \frac{T}{T_I}K_P$—— 积分系数；

$K_D = \frac{T_D}{T}K_P$—— 微分系数。

确定了的值后，由式(6－2－3)还可得离散化的位置型 P 控制、PI 控制和 PD 控制的编程表达式。它们编程框图也只需在该图的基础上稍作删减即可。

3. 遇限削弱积分法

由于温度闭环控制是一种变化十分缓慢的控制系统，因此它很容易产生积分饱和，在积分项的作用下，往往将使系统产生较大的超调量和长时间波动。为此，本实验采用了"遇限削弱积分"的方法来消除积分饱和。该方法是在实验进行前先设定一个积分量 $\left|Ki\sum_{j=0}^{K}e(j)\right|$ 阀值为 P_0，则式中 $Ki\sum_{j=0}^{k}e(j)$ 有：

$$Ki\sum_{j=0}^{k}e(j)=\begin{cases}Ki\sum_{j=0}^{k}e(j), & \left|Ki\sum_{j=0}^{k}e(j)\right|<P_0\\ P_0, & \left|Ki\sum_{j=0}^{k}e(j)\right|\geqslant P_0\end{cases}\tag{6-2-4}$$

式(6－2－4)表示在计算、控制过程中，一旦积分量达到阀值 P_0 时，它将不再增加。

按本实验所规定的参数进行实验后，可以看出超调量和波动受到了有效的控制，见图6.2.4所示。

4. 实现温度 PID 控制

(1)系统结构图

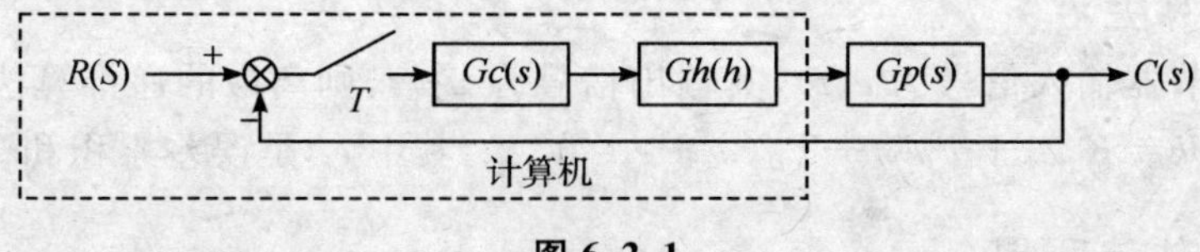

图 6.2.1

图中：$Gc(S)=K_P\left(\dfrac{1+K_I}{S+K_DS}\right)$

$Gh(S)=(1-e^{-Ts})/s$

$Gp(S)=\dfrac{1}{(TS+1)}$

(2)温控炉实验电路

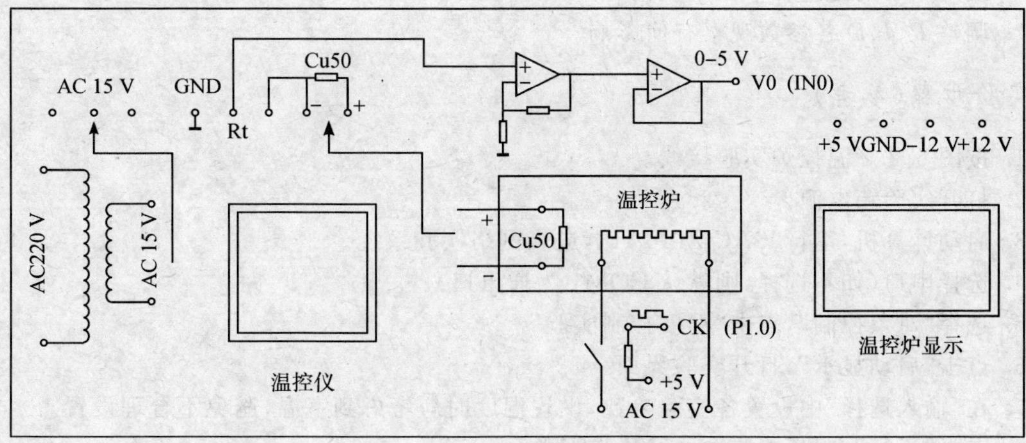

图 6.2.2　温控炉实验电路

(3)温控炉实验曲线

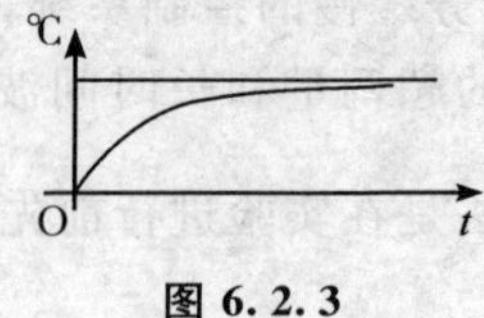

图 6.2.3

(4)系统的基本工作原理

系统由两大部分组成,第一部分由计算机、数据通道接口卡和微机实验平台组成,完成温度信号采集、PID 运算、产生控制双向可硅的触发信号;第二部分为炉温控制实验板,完成温度控制及传感器信号放大,第二部分电路原理图见图 6.2.2。

在炉温控制实验板上,温度检测元件采用热敏电阻 Rt,其阻值变化由双臂电桥变换成电压信号,经放大电路为 0~5 V 信号,送 A/D 转换器(ADC0809)转化为数字信号。系统采用双向可控硅应用过零触发方式,在每个控制周期(与采样周期相等),控制输入电阻丝的正弦波个数,即通过控制输入电阻丝平均功率的大小来达到控制温度的目的,图中 AC 15 V 电源由实验平台从它与炉温控制实验板的连接插脚 Rt、Rl 处提供。

(5)PID 递推算法

如果 PID 调节器输入信号为 $e(t)$,其输出信号为 $u(t)$,则离散的递推算法如下:

$$Uk=K_Pe_k+T_Ie_{k2}+T_D(e_k-e_{k-1})$$ 其中 e_{k2} 是误差累积和。

三、温度控制软件流程图

温度控制软件流程图见图 6.2.4。

图中:ek 为误差,$ek1$ 为上一次的误差,$ek2$ 为误差的累积和,uk 是控制量。可控硅导通时间 $a=0-T$,$a=T$ 导通时间最大,$a=0$ 导通时间为零。

四、实验内容

1. 设定炉子的温度在一恒定值。
2. 调整 P、I、D 各参数观察有何影响。

五、实验步骤(参考)

1. 按图 6.2.2 温控炉实验接线。
2. 打开实验箱电源。
3. 启动计算机,运行“SAC-ZJT-A1”,进入网络实验系统。
4. 选择串口(如不选择,则默认 COM1 为通讯口)。
5. 选择“对象控制”,点击“温度控制实验”。
6. 点击“启动显示”,打开实验界面。
7. 在“输入选择”中设置各实验参数,设置温度时应考虑到室温,避免不合理设置。
8. 点击“运行”,观察响应曲线及稳态误差。
9. 改变参数 KP,TI,TD,观察不同参数时的响应曲线及稳态误差。
10. 取满意的 KP,TI,TD,并将实验结果记录于表 6.2.1 中。

表 6.2.1　温度控制实验记录

采样周期(ms)	设定温度	K_P	T_I	T_D	响应曲线	$Mp(\%)$	ts

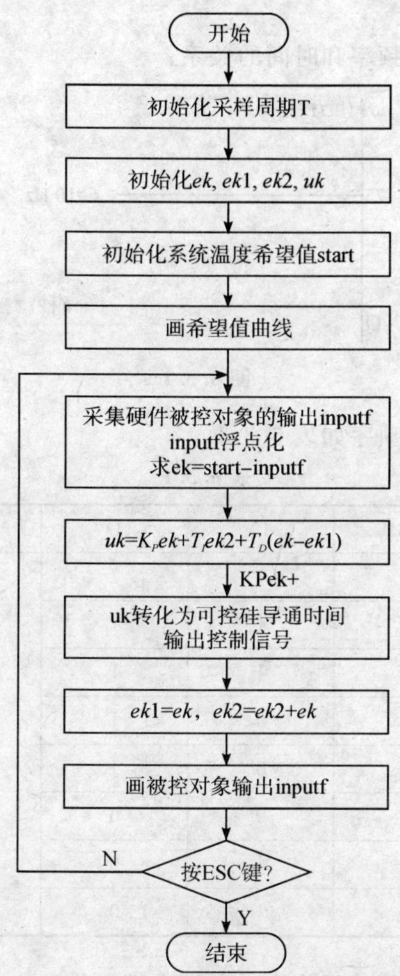

图 6.2.4　温度控制软件流程

6.3　步进电机调速实验

一、实验要求

1. 掌握步进电动机控制系统的硬件设计方法。
2. 进一步学习编制步进电动机驱动程序的软件设计方法。
3. 编制程序，控制步进电动机的运转速度。
4. 编制程序，控制步进电动机的旋转方向。

二、实验原理及说明

1. 步进电机的工作原理

步进电机多为永磁感应式，有两相、四相、六相等多种，实验所用电机为四相八拍式，每步进一步，电机旋转 3.75°，转一周电机步进 96 步。通过对每相线圈的电流的顺序切换来使电机作步进式旋转，驱动电路由脉冲信号来控制，所以调节脉冲信号的频率便可改变步进电机的角速度 $\omega=3.75°f$(度/秒)。

步进电机的角速度与脉冲频率和时间的关系：

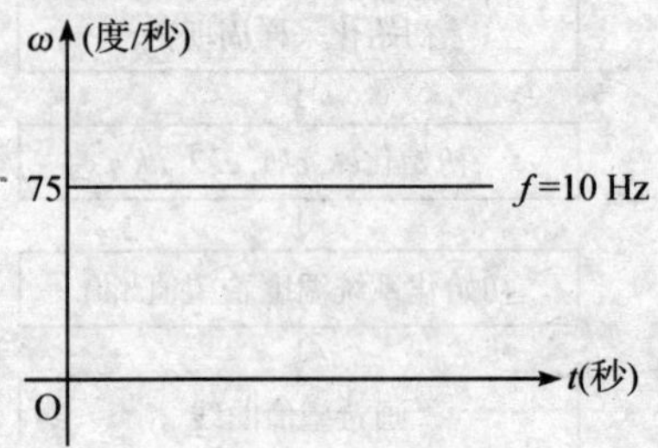

图 6.3.1

四相八拍步进电机的通电顺序如表 6.3.1。

表 6.3.1

顺序	A	B	C	D	备注
0	0	1	1	1	同向旋转 ↕ 反向旋转
1	0	0	1	1	
2	1	0	1	1	
3	1	0	0	1	
4	1	1	0	1	
5	1	1	0	0	
6	1	1	1	0	
7	0	1	1	0	

循环加载上述分配规律的脉冲可使步进电机步进工作。

2. 步进电机实验原理电路

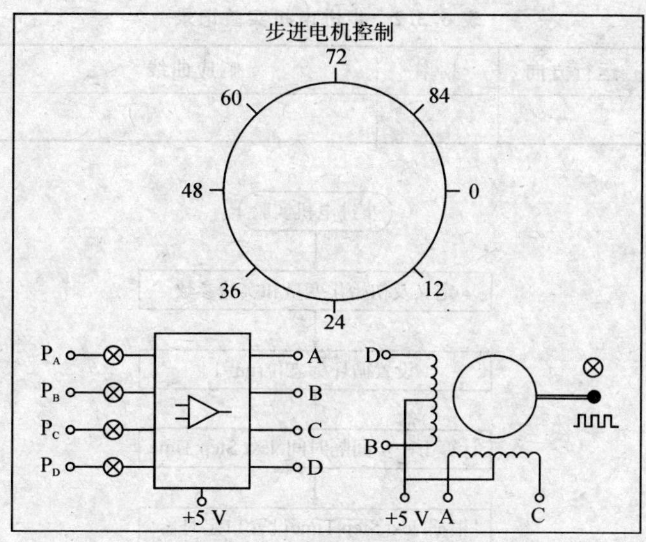

图 6.3.2　步进电机实验电路

步进电机转速曲线

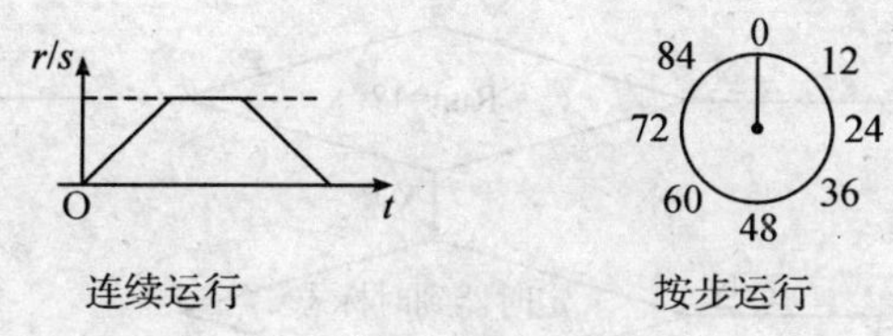

图 6.3.3

三、步进电机软件流程图

步进电机软件流程图如图 6.3.4 所示。

四、实验原理及内容

本实验利用 P1 口的 P1.0、P1.1、P1.2、P1.3 输出相应脉冲信号，经驱动电路驱动步进电机旋转。

五、实验步骤（参考）

1. 按图 6.3.2 电路接线，P_A、P_B、P_C、P_D 分别接 8051 内部接口的 $P_{1.3}$、$P_{1.2}$、$P_{1.1}$、$P_{1.0}$，打开实验箱电源。
2. 启动计算机，运行“SAC-ZJT-A1”，进入网络实验系统。
3. 选择串口（如不选择，则默认 COM1 为通讯口）。
4. 选择“对象控制”，点击“步进电机实验”。
5. 点击“启动显示”，打开实验界面。
6. 在“参数选择”栏中设置参数。当选择“连续运行”和“N 步运行”时，可观察角速度与时间的关系，当选择“按步运行”时，可观察步数与转角的关系。
7. 观察并记录步进电机的实验参数及曲线。

表 6.3.2 步进电机实验记录

运行模式	运行方向	频率	响应曲线	误差

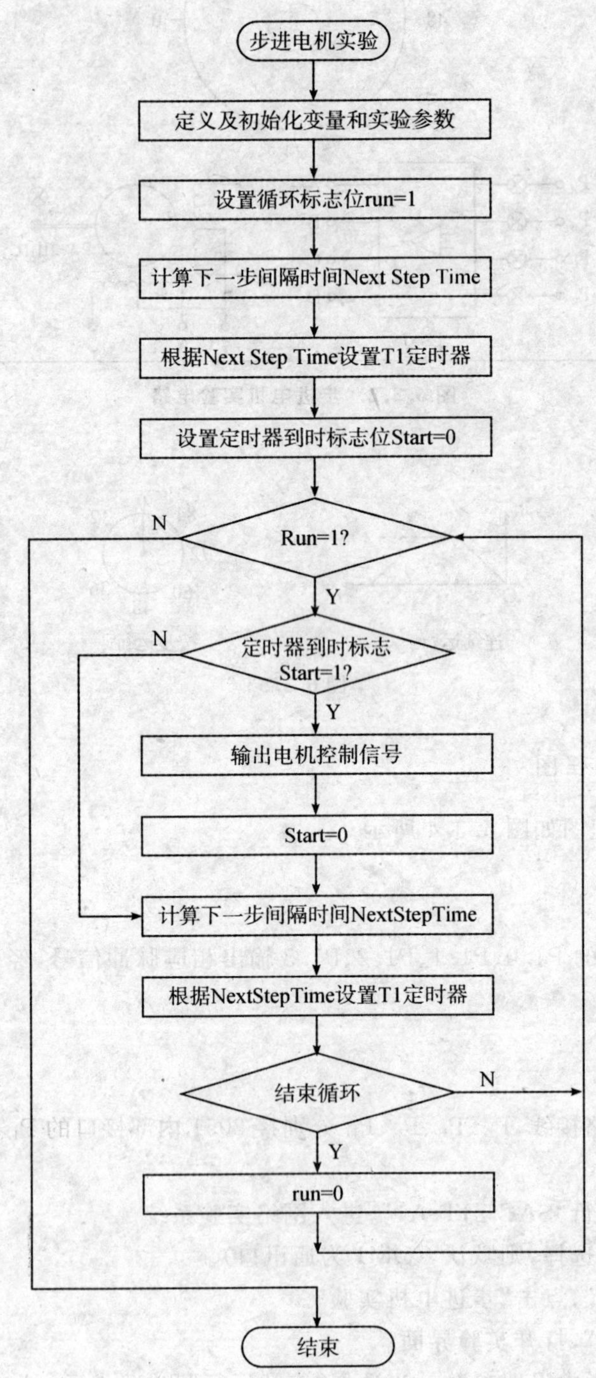

图 6.3.4 步进电机软件流程

附录一　ACT_Link 动态连接库说明

一、动态库的使用

本动态库是配在自控实验箱(或台)实现用户可以在用其他软件编程对箱或台的实验对象进行控制。在应用时根据具体的编程语言调用本动态连接库。将 ACT_Link. dll 拷贝到本目录或 system32 下。

二、库中函数说明

结构：

```
struct ACT_AD  //主要为获取 A/D 转换的
{
    int iPortNum;//A/D 端口号(0－3)
    int iGetCount;//转换的个数(0－255)
    int iBuff[510];//得到的数存放的缓冲区
}
```

int IntiComm(int iComNum) //初始化串口,注意在完成工作后一定要关闭串口,否则将无法再//关闭串口。因串口是独占方式打开的。试图在一个程序中打开而再另一个程序中关闭将是//失败的。当然可以在同一个工程下中任何不同的过程或事件中打开或关闭串口。打开和关//闭可以不在同一个函数中调用。但在程序退出前一定得关闭串口。

```
{
  //iComNum 要初始化的串口号,只能在串口 1 和串口 2 中选择。
  //成功则返回 1 否则返回 0
}
void CloseComm()//关闭串口
{
}
int OutputDA(int iPortNum,int iNum)//D/A 输出
{
  //iPortNum 端口号(0－2)
  //iNum 要输出的 D/A 数字量(0－255)
//成功则返回 0 否则返回 1
}
ACT_AD GetAD(int iPortNum,int iCount)//A/D 转换;
{
```

```
  //iPortNum 端口号(0-2)
  //iCount 要连续转换的个数(0-255)
//则返回 ACT_AD 类型(参考上面的结构说明)
}
int OutPutP1(int iOutData)
{
  //iOutData  P1 口要输出的数值(0-15)因只有 P0-P3 所以最大只能是 15
//成功则返回 1 否则返回 0
}
int IntiT0()//初始化 T0 计数器
{
  //成功则返回 1 否则返回 0
}
int GetT0()
{
  //成功则返回一个整数(0-65535),否则返回 0
}
int CloseT0() //关闭 T0 定时器
{
  //成功则返回 1 否则返回 0
}
```

三、演示程序说明：

程序界面：

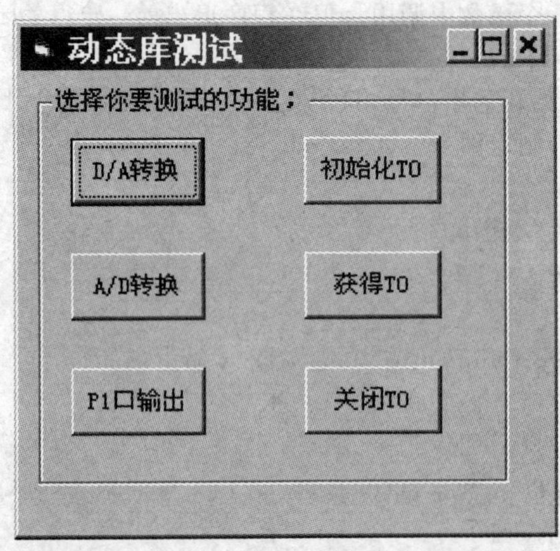

“D/A 转换”按钮：按下此按钮，程序将在实验箱中的指定 D/A 口输出一个模拟量，D/A 口和模拟量的值在程序中指定；

“A/D 转换”按钮：按下此按钮，程序将在实验箱中的指定 A/D 口读取一个模拟量，A/D

口在程序中指定；

"P1 口输出"按钮：按下此按钮，程序将在实验箱 P1 口输出一个数字量，数值在程序中指定；

"初始化 T0"按钮：按下此按钮，程序将启动 T0 计数器，初始值为 0；

"获得 T0"按钮：按下此按钮，程序将读取 T0 计数器的值；

"关闭 T0"按钮：按下此按钮，T0 将停止计数。

程序文件介绍：

1)testDll. bas 该文件引用 ACT_Link. dll，并申明了函数供后面的程序使用，代码如下：

```
Attribute VB_Name="Module1"
Public Declare Function output_number Lib "ACT_Link. dll" (ByVal a As Long) As Long
Public Declare Function MyAdd Lib "ACT_Link. dll" (ByVal a As Long, ByVal b As Long) As Long
Public Declare Sub WriteCom Lib "ACT_Link. dll" (ByVal a As Long)
Public Declare Sub WriteCom1 Lib "ACT_Link. dll" (ByRef a() As Integer, ByVal n As Long)
Public Declare Function IntiComm Lib "ACT_Link. dll" (ByVal ComNum As Long) As Long
Public Declare Sub CloseComm Lib "ACT_Link. dll" ()
Public Declare Function OutputDA Lib "ACT_Link. dll" (ByVal PorintNum As Long, ByVal DataNum As Long) As Long
Public Declare Function GetAD Lib "ACT_Link. dll" (ByVal PorintNum As Long, ByVal DataNum As Long) As AD_STRCT
Public Declare Function OutPutP1 Lib "ACT_Link. dll" (ByVal iOutData As Long) As Long
Public Declare Function IntiT0 Lib "ACT_Link. dll" () As Long
Public Declare Function GetT0 Lib "ACT_Link. dll" () As Long
Public Declare Function CloseT0 Lib "ACT_Link. dll" () As Long
Type AD_STRCT
  iPortNum As Long
  iCount As Long
  iBuff(510) As Long
End Type
```

2)testDll. frm 该文件记录了主程序及窗体中组件的配置。

```
VERSION 5. 00
Begin VB. Form Form1
      Caption         =    "动态库测试"
      ClientHeight    =    3345
      ClientLeft      =    60
      ClientTop       =    345
```

```
      ClientWidth      =    3795
      LinkTopic        =    "Form1"
      ScaleHeight      =    3345
      ScaleWidth       =    3795
      StartUpPosition  =    3  '窗口缺省
   Begin VB.Frame Frame1
      Caption          =    "选择你要测试的功能;"
      Height           =    2895
      Left             =    120
      TabIndex         =    0
      Top              =    120
      Width            =    3375
   Begin VB.CommandButton cmdCloseT0
      Caption          =    "关闭 T0"
      Height           =    495
      Left             =    1920
      TabIndex         =    6
      Top              =    2040
      Width            =    975
   End
   Begin VB.CommandButton cmdGetT0
      Caption          =    "获得 T0"
      Height           =    495
      Left             =    1920
      TabIndex         =    5
      Top              =    1200
      Width            =    975
   End
   Begin VB.CommandButton cmdIntiT0
      Caption          =    "初始化 T0"
      Height           =    495
      Left             =    1920
      TabIndex         =    4
      Top              =    360
      Width            =    975
   End
   Begin VB.CommandButton cmdP1
      Caption          =    "P1 口输出"
```

```
      Height          =    495
      Left            =    240
      TabIndex        =    3
      Top             =    2040
      Width           =    975
    End
    Begin VB.CommandButton cmdAD
      Caption         =    "A/D 转换"
      Height          =    495
      Left            =    240
      TabIndex        =    2
      Top             =    1200
      Width           =    975
    End
    Begin VB.CommandButton cmdDA
      Caption         =    "D/A 转换"
      Height          =    495
      Left            =    240
      TabIndex        =    1
      Top             =    360
      Width           =    975
    End
  End
End
Attribute VB_Name="Form1"
Attribute VB_GlobalNameSpace=False
Attribute VB_Creatable=False
Attribute VB_PredeclaredId=True
Attribute VB_Exposed=False
//以上部分为组件设置

// Private Sub cmdAD_Click() 为"A/D 转换"按钮按下后执行的代码
Private Sub cmdAD_Click()
    Dim iPortN, iNumData, k As Long
    Dim AD_Result As AD_STRCT
    Dim str As String
    iPortN=0  '通道号(0-3)
    iNumData=51  '要转换的个数(1-255)
```

```
        k=IntiComm(1)  '初始化串口 1
        AD_Result=GetAD(iPortN, iNumData)   ' A/D 转换
        str=""
        For k=0 To AD_Result.iCount-1
          str=str & CStr(AD_Result.iBuff(k)) & " "
        Next k
        MsgBox "你要转换的通道是:" & CStr(iPortN) & " " & "你要转换的个数是:" &
CStr(iNumData) & " 得到的值是:" _
          & str
        CloseComm  '关闭串口
    End Sub
```

//Private Sub cmdCloseT0_Click() 为"关闭 T0"按钮按下后执行的代码

```
    Private Sub cmdCloseT0_Click()
        Dim k As Long
        k=IntiComm(1)  '初始化串口 1
        k=CloseT0()  '得到 T0
        If(k=1) Then
          MsgBox "关闭成功"
        Else
          MsgBox "关闭发生错误!"
        End If
        CloseComm  '关闭
    End Sub
```

//Private Sub cmdDA_Click() 为"D/A 转换"按钮按下后,执行的代码。

```
    Private Sub cmdDA_Click()
        Dim iPortN, iNumData, k As Long
        iPortN=0 '通道号(0-2)
        iNumData=51  '要转换的数值
        k=IntiComm(1)  '初始化串口 1
        k=OutputDA(iPortN, iNumData) ' D/A 转换
        MsgBox "你要转换的通道是: " & CStr(iPortN) & " " & "你要转换的数字量是:
        " & CStr(iNumData)
        CloseComm  '关闭串口
    End Sub
```

//Private Sub cmdGetT0_Click() 为"获得 T0"按钮按下后执行的代码。

```
Private Sub cmdGetT0_Click()
    Dim k As Long
    k=IntiComm(1)  '初始化串口 1
    k=GetT0()  '得到 T0
    MsgBox "T0 计数值是：" & CStr(k)
    CloseComm  '关闭串口
End Sub
```

//Private Sub cmdIntiT0_Click() 为"初始化 T0"按钮按下后执行的代码。

```
Private Sub cmdIntiT0_Click()
    Dim k As Long
    k=IntiComm(1)  '初始化串口 1
    k=IntiT0()  ' P1 口输出
    If(k=1) Then
      MsgBox "初始化成功"
    Else
      MsgBox "初始化不成功"
    End If
    CloseComm  '关闭串口
End Sub
```

// Private Sub cmdP1_Click() 为"p1 口输出"按钮按下后执行的代码。

```
Private Sub cmdP1_Click()
    Dim iPortN, iNumData, k As Long
    iNumData=0  '要转换的数值(0-15)
    k=IntiComm(1)  '初始化串口 1
    k=OutPutP1(iNumData)  ' P1 口输出
    MsgBox "你要 P1 输出的值是：" & CStr(iNumData)
    CloseComm  '关闭串口
End Sub

' MANTH.dll
Private Sub Form_Load()
End Sub
```

拉式变换 $F(S)$	时域函数 $f(t)$	Z 变换 $F(z)$	
1	$\delta(t)$	1	1
e^{-kTs}	$\delta(t-kT)$	z^{-k}	z^{-k}
$\frac{1}{s}$	$1(t)$	$\frac{z}{z-1}$	$\frac{1}{1-z^{-1}}$
$\frac{1}{s^2}$	t	$\frac{Tz}{(z-1)^2}$	$\frac{Tz^{-1}}{(1-z^{-1})^2}$
$\frac{1}{s^3}$	$\frac{1}{2}t^2$	$\frac{T^2z(z+1)}{2(z-1)^3}$	$\frac{T^2z^{-1}(1+z^{-1})}{2(1-z^{-1})^3}$
$\frac{1}{s+a}$	e^{-at}	$\frac{z}{z-e^{-aT}}$	$\frac{1}{1-e^{-aT}z^{-1}}$
$\frac{1}{(s+a)^2}$	te^{-at}	$\frac{Tze^{-aT}}{(z-e^{-aT})^2}$	$\frac{Te^{-aT}z^{-1}}{(1-e^{-aT}z^{-1})^2}$
$\frac{a}{s(s+a)}$	$1-e^{-at}$	$\frac{z(1-e^{-aT})}{(z-1)(z-e^{-aT})}$	$\frac{z^{-1}(1-e^{-aT})}{(1-z^{-1})(1-e^{-aT}z^{-1})}$
$\frac{a}{s^2(s+a)}$	$t-\frac{1}{a}(1-e^{-aT})$	$\frac{Tz}{(z-1)^2}-\frac{z(1-e^{-aT})}{a(z-1)(z-e^{-aT})}$	$\frac{Tz^{-1}}{(1-z^{-1})^2}-\frac{z^{-1}(1-e^{-aT})}{a(1-z^{-1})(1-e^{-aT}z^{-1})}$
$\frac{a}{s^3(s+a)}$	$\frac{1}{2}t^2-\frac{1}{a}t+\frac{1}{a^2}$ $-\frac{1}{a^2}e^{-aT}$	$\frac{T^2z(z+1)}{2(z-1)^3}-\frac{Tz}{a(z-1)^2}$ $+\frac{z}{a^2(z-1)}-\frac{z}{a^2(z-e^{-aT})}$	$\frac{T^2z^{-1}(1+z^{-1})}{2(1-z^{-1})^3}-\frac{Tz^{-1}}{a(1-z^{-1})^2}$ $+\frac{1}{a^2(1-z^{-1})}-\frac{1}{a^2(1-e^{-aT}z^{-1})}$
$\frac{b-a}{(s+a)(s+b)}$	$e^{-at}-e^{-bt}$	$\frac{z(e^{-aT}e^{-bT})}{(z-e^{-aT})(z-e^{-bT})}$	$\frac{z^{-1}(e^{-aT}e^{-bT})}{(1-e^{-aT}z^{-1})(1-e^{-bT}z^{-1})}$
$\frac{ab(a-b)}{s(s+a)(s+b)}$	$(a-b)+be^{-at}$ $-ae^{-bt}$	$\frac{(a-b)z}{z-1}+\frac{bz}{z-e^{-aT}}$ $-\frac{az}{z-e^{-bT}}$	$\frac{(a-b)}{1-z^{-1}}+\frac{b}{1-e^{-aT}z^{-1}}$ $-\frac{a}{1-e^{-bT}z^{-1}}$
$\frac{a^2b^2(a-b)}{s^2(s+a)(s+b)}$	$ab(a-b)t+(b^2-a^2)$ $-b^2e^{-at}+a^2e^{-bt}$	$\frac{ab(a-b)Tz}{(z-1)^2}+\frac{(b^2-a^2)z}{z-1}$ $-\frac{b^2z}{z-e^{-aT}}+\frac{a^2z}{z-e^{-bT}}$	$\frac{ab(a-b)Tz^{-1}}{(1-z^{-1})^2}+\frac{(b^2-a^2)}{1-z^{-1}}$ $-\frac{b^2}{1-e^{-aT}z^{-1}}+\frac{a^2}{1-e^{-bT}z^{-1}}$

附录二　实验箱介绍

1. 实验箱运行方式设置

由于不同实验的需求不同，故实验箱设置有两种运行方式供选择，以方便取得实验曲线。这两种方式为自动放电模式和手动放电模式。当将下图的三脚跳线设置为.HDC时，实验箱为手动放电；当设置为AUTO时为自动放电。自动放电的周期为连续阶越信号的周期。

若实验状态持续时间比较短或实验需要保持状态，则选择手动放电，配合单次阶越信号，这样可以很方便的取得曲线；

若实验状态持续时间较长并且实验不需要保持状态，则选择自动放电，配合连续阶越信号。

通常实验指导中都会告之选择哪种状态。

2. 计算机控制对象

1)步进电机

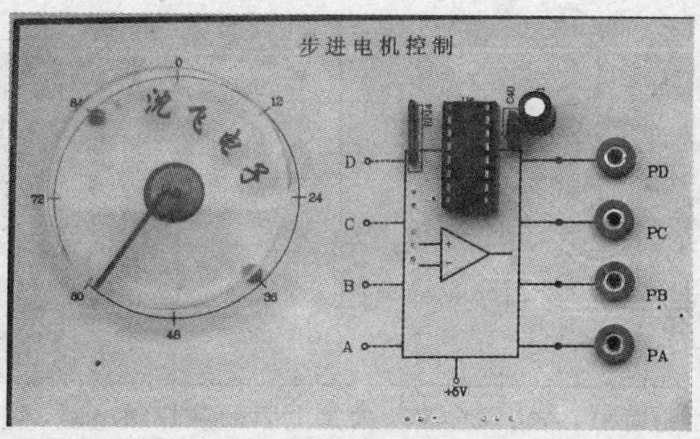

实验箱所用电机为四相八拍式，每步进一步，电机旋转3.75°，转一周电机步进96步。通过对每相线圈的电流的顺序切换来使电机作步进式旋转，驱动电路由脉冲信号来控制，所以调节脉冲信号的频率便可改变步进电机的角速度 ω＝3.75°f(度/秒)。

通电顺序如下表所示：

顺序	A	B	C	D	备注
0	0	1	1	1	同向旋转↕逆向旋转
1	0	0	1	1	
2	1	0	1	1	
3	1	0	0	1	
4	1	1	0	1	
5	1	1	0	0	
6	1	1	1	0	
7	0	1	1	0	

2)直流电机

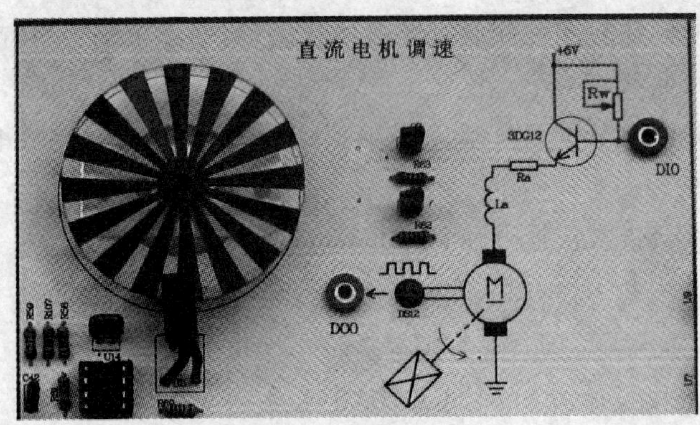

DI0 为输入电压控制,电压的强弱影响电机转速。DO0 为脉冲输出,电机每转过一圈输出16 个脉冲信号。

3)温控炉

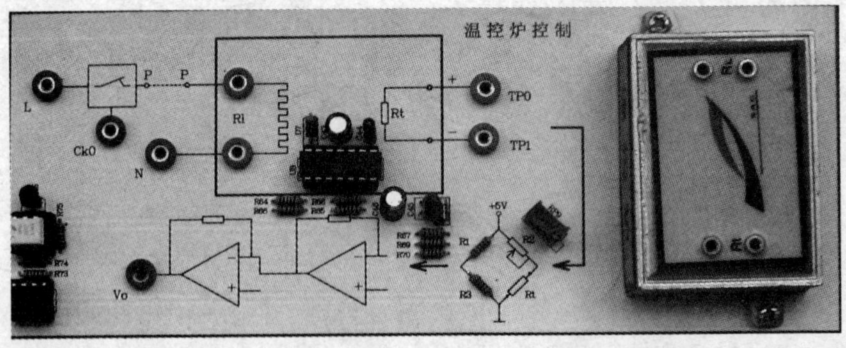

上图中为温控炉控制对象,右边的金属盒内是电阻丝和热敏电阻,左边为附属电路 RL 两端口为发热电阻丝

Rt 两端为热敏电阻

TP0 和 TP1 接 Rt,Vo 端口将输出与电阻对应的电压值。

L 和 N 两个端口接实验箱上 AC15V

Ck0 接电平信号,控制 Rl 两端电压通断

Rl 接金属盒上的 RL 两个端口,为电阻丝提供电压加热。

3. 运放模块

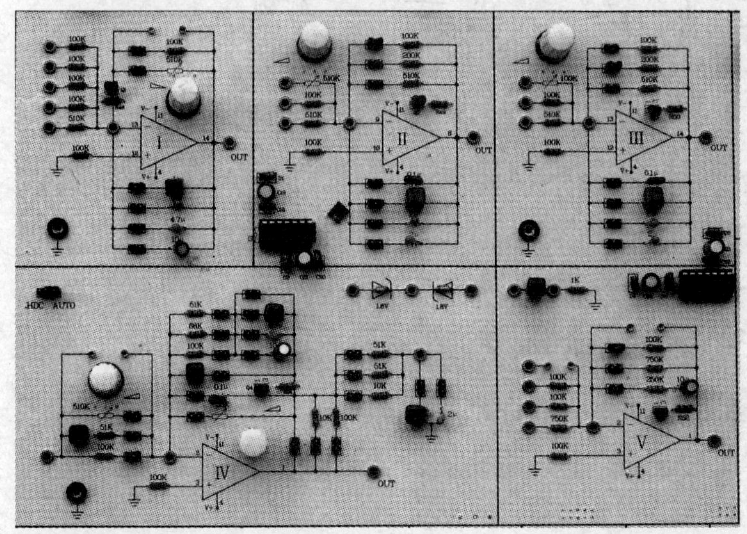

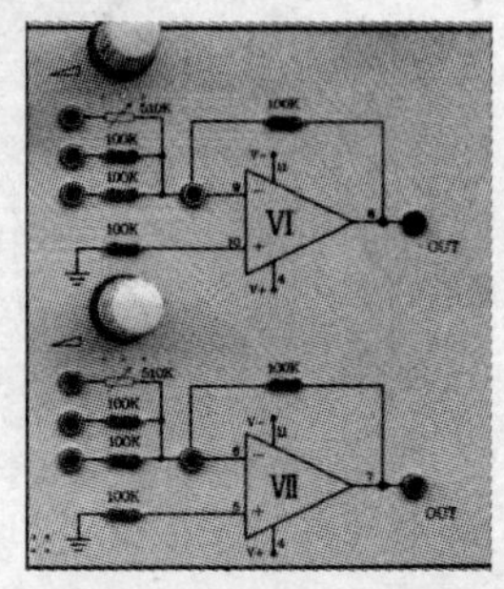

实验箱一共提供 7 个运放模块。根据需要选择运放模块。当跳线接通时表示该路接通。

4. 信号发生器

1)正弦波发生器

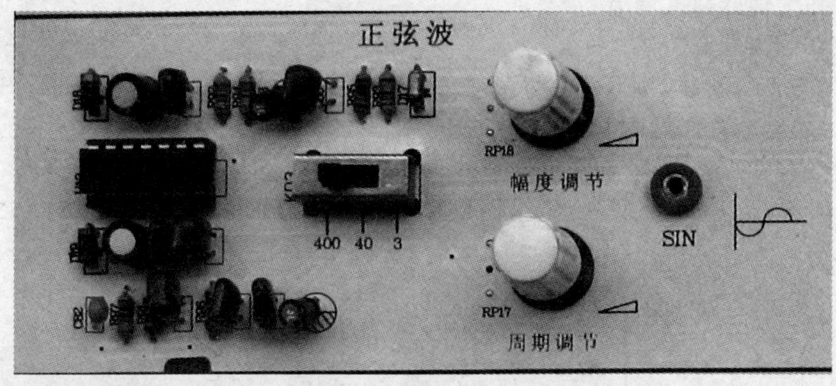

上图为正弦波信号发生器

SIN 端口输出信号。

RP18 旋钮为幅度调节

RP17 旋钮为周期调节

KD3 为周期范围选择,共分 3 档

2)连续阶越、斜坡、抛物线发生器

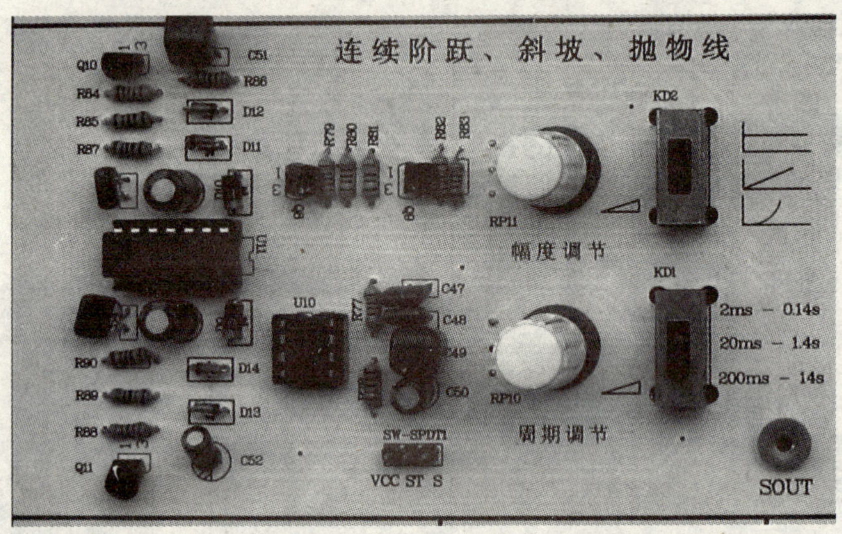

上图为连续阶越、斜坡、抛物线信号发生器

SOUT 为信号输出端口

KD2 为阶越、斜坡、抛物线信号选择

KD1 为信号周期选择，分三档，2 ms～0.14 s、20 ms～1.4 s、200 ms～14 s

RP11 旋钮为信号幅度调节

RP10 旋钮为周期调节

VCC、ST、S 三脚跳线，接 ST、S 两脚时，SOUT 输出连续周期信号，接 VCC、ST 两脚时输出单次信号。如需设置自动放电，需接 ST、S 两脚。

5. 零散元件库

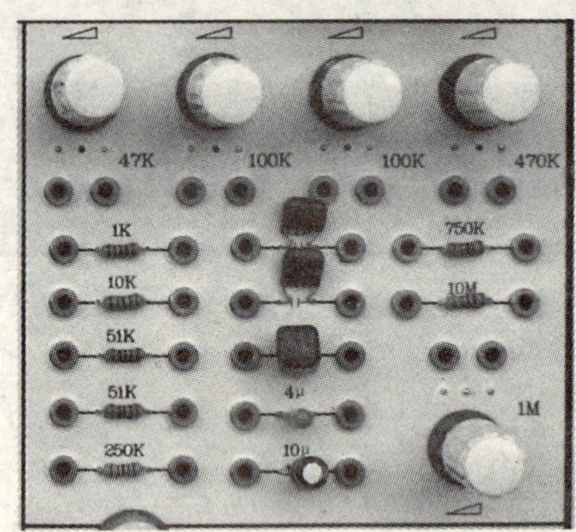

上图为零散元件库。

6. 信号接口

1)电平输出

4 路电平输出，开关向上拨时，灯亮起，输出电平

2)电平显示

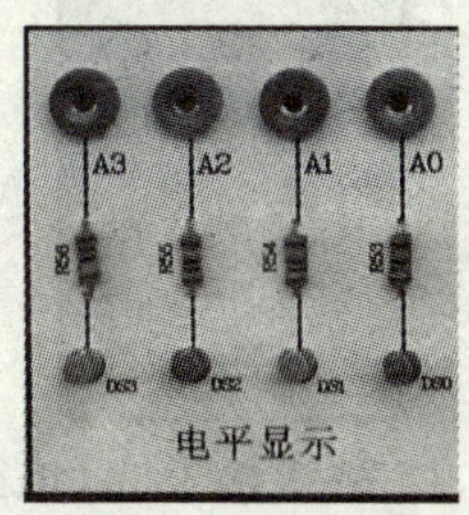

4 路电平显示，当输入为高电平时，灯灭，当输入低电平时，灯亮。

3)采样信号保持器

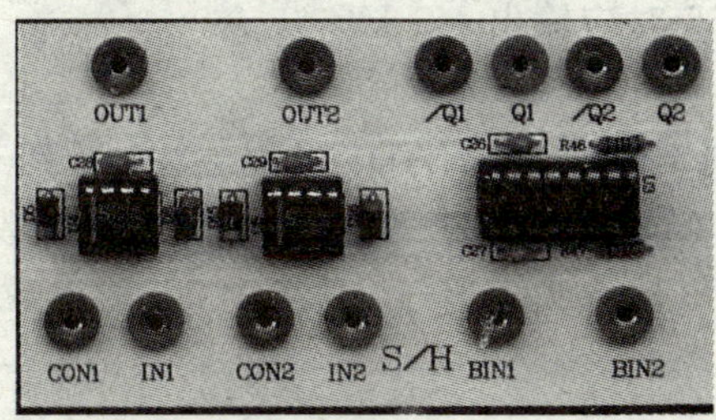

上图为采样信号保持器，最右边的芯片为 14538bp 触发器，产生脉冲信号，左边两块芯片为 LF398 信号保持器。

BIN1、BIN2 接入连续阶越信号，则 Q1、Q2 产生与阶越信号周期相同的脉冲信号，/Q1、/Q2为 Q1，Q2 脉冲信号的反向。

IN1、IN2 输入采样信号，CON1、CON2 输入脉冲信号，当接收到脉冲时，OUT1、OUT2 输出采样后取得的信号。

4)单次阶越信号

下图中 POUT 为信号输出端口，可产生－5 V 到＋5 V 的单次阶越信号，RP8 旋钮调节输出电压，当上方开关打到＋5 V 时，POUT 输出 0 V 到＋5 V 电压，当下方开关打到－5 V 时，输出－5 V 到 0 V 电压。注意：需要正信号时，－5 V 开关必须接地端，需要负信号时，＋5 V 开关必须接地。

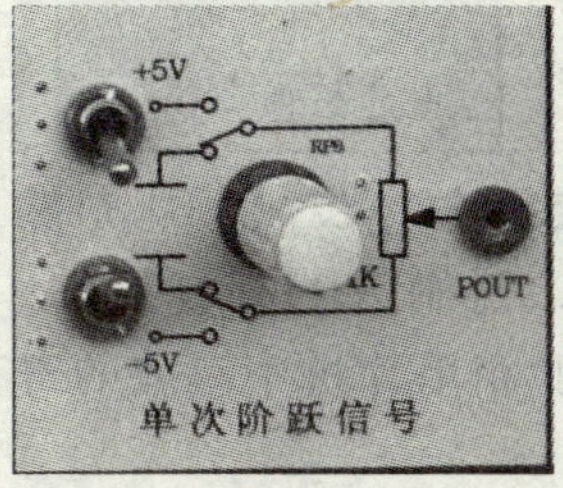

5)电子示波器接口

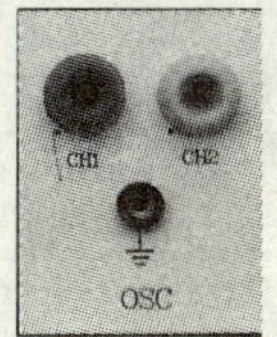

6)D/A

上图为 3 路 DA 输出端口，J0、J1、J2 跳线接上时，该路 DA 输出－2.5 V 到＋2.5 V 电压。J0、J1、J2 跳线断开时，该路 DA 输出 0 V 到＋5 V 电压。电压与数值量 0 到 255 线性对应。当跳线接上时，数字量 0 对应输出－2.5 V，数字量 255 对应输出＋2.5 V；当跳线断开时，数字量 0 对应输出 0 V，数字量 255 对应输出＋5 V

7)A/D

AD0、AD1 量程为 0 V 到＋5 V，AD2、AD3 量程－2.5 V 到＋2.5 V。取得的数字量与量程内的电压线性对应。AD0、AD1 输入大于等于＋5 V 时，取得数字量 255，输入小于于等于 0 V 时，取得数字量 0；AD2、AD3 输入大于等于＋2.5 V 时，取得数字量 255，输入小于于等于－2.5 V 时，取得数字量 0；

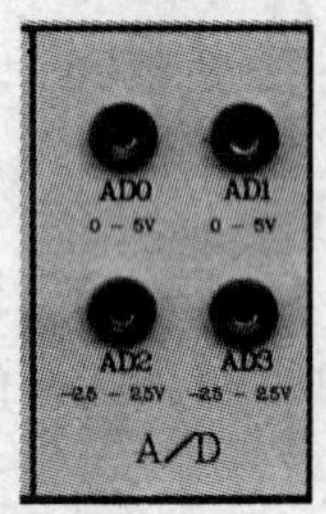

8)单片机接口

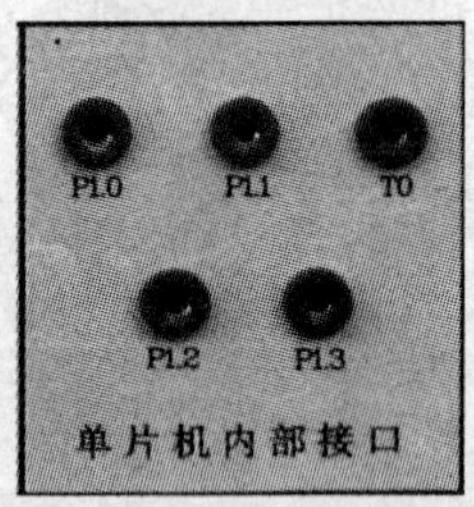

P1 口 0 到 3，对应 4 位二进制数的每一位，当 P1 口输入数字量 0 时，P1 口 4 个端口均为低电平，当 P1 口输入数字量 15(即二进制数 1111)时，P1 口 4 个端口均为高电平。T0 口为计数器，当 T0 接受到一个脉冲时，实验箱单片机中对应的寄存器加 1。

附录三　往届学生示例程序

滚动波形图示例程序：

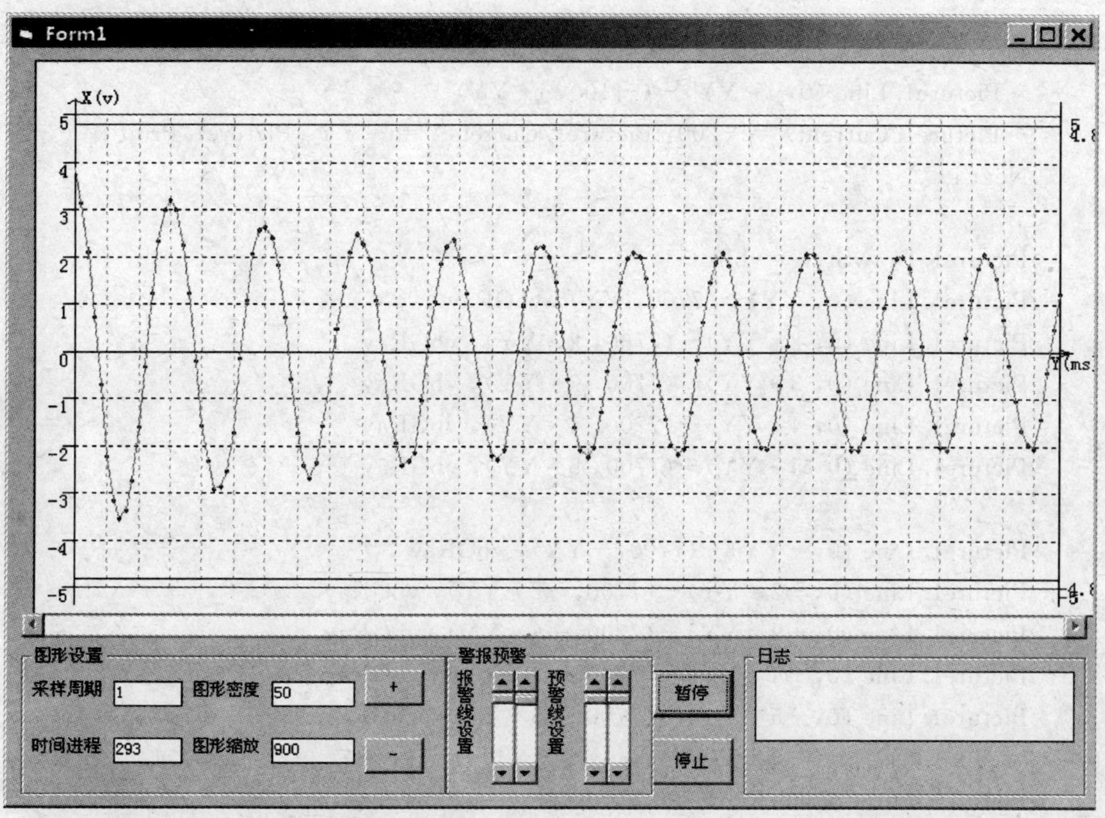

注：该程序为 vb 编写，使用 picturebox 控件.

```
Sub Repaints(x4)
'绘制坐标系
  Picture1.Cls
  Picture1.AutoRedraw=True
  Picture1.Scale(-300,5500)-(8000,-5000)
  Picture1.Line(0,-4800)-(0,4800)
  Picture1.Line(0,4800)-(-60,4700)
  Picture1.Line(0,4800)-(60,4700)
  Picture1.CurrentX=60:Picture1.CurrentY=5000
  Picture1.Print"X(v)"
  Picture1.Line(0,0)-(7800,0)
```

```
Picture1. CurrentX=7630:Picture1. CurrentY=-30
Picture1. Print"Y(ms)"
Picture1. Line(7800,0)-(7700,60)
Picture1. Line(7800,0)-(7700,-60)
Picture1. FontSize=13
Picture1. FontBold=True
Picture1. FontBold=False
Picture1. FontSize=10

For i=-5 To 5
  Picture1. Line (0, i * YY)-(-100, i * YY)
  Picture1. CurrentX=-200: Picture1. CurrentY=i * YY: Picture1. Print i
Next i

Picture1. DrawStyle=vbDot
Picture1. Line (0, YY)-(7700, YY), vbGRay
Picture1. Line (0, 2 * YY)-(7700, 2 * YY), vbGRay
Picture1. Line (0, 3 * YY)-(7700, 3 * YY), vbGRay
Picture1. Line (0, 4 * YY)-(7700, 4 * YY), vbGRay
Picture1. Line (0, 5 * YY)-(7700, 5 * YY), vbGRay

Picture1. Line (0,-YY)-(7700,-YY), vbGRay
Picture1. Line (0,-2 * YY)-(7700,-2 * YY), vbGRay
Picture1. Line (0,-3 * YY)-(7700,-3 * YY), vbGRay
Picture1. Line (0,-4 * YY)-(7700,-4 * YY), vbGRay
Picture1. Line (0,-5 * YY)-(7700,-5 * YY), vbGRay

Picture1. ForeColor=RGB(200, 200, 145)
For i=0 To 7700 Step 5 * XX
  If (i<>0) Then
    Picture1. Line (i,-4500)-(i, 4500)
  End If
Next i
Picture1. ForeColor=RGB(0, 0, 0)
Picture1. DrawStyle=vbSolid

Picture1. Line (0, x3 * YY-x6)-(7700, x3 * YY-x6), vbBlue
Picture1. Print (x3-x6 / YY)
Picture1. Line (0,-x3 * YY + x7)-(7700,-x3 * YY + x7), vbBlue
Picture1. Print (-x3 + x7 / YY)
```

```
  Picture1. Line (0, x3 * YY－x5)－(7700, x3 * YY－x5), vbRed
  Picture1. Print (x3－x5 / YY)
  Picture1. Line (0,－x3 * YY ＋ x8)－(7700,－x3 * YY ＋ x8), vbRed
Picture1. Print (－x3 ＋ x8 / YY)

  Picture1. Line (7700,－4800)－(7700, 4800)
'绘制波形
If (x4)<(7700 / XX) Then

   If (x4<>0) Then

     For i=1 To (x4)
       Picture1. DrawWidth=3
       Picture1. PSet(i * XX, Y(i) * x3 * YY ＋ x2 * YY), vbBlue
       Picture1. DrawWidth=1
       Picture1. Line ((i－1) * XX, Y(i－1) * x3 * YY ＋ x2 * YY)－(i * XX, Y(i)
       * x3 * YY ＋ x2 * YY), vbGreen
     Next i

   End If
  Else

   Dim j As Long
   j=1

   For i=(x4 ＋ 1－7700 / XX) To (x4)

       Picture1. DrawWidth=3
       Picture1. PSet (j * XX, Y(i) * x3 * YY ＋ x2 * YY), vbBlue
       Picture1. DrawWidth=1
       Picture1. Line ((j－1) * XX, Y(i－1) * x3 * YY ＋ x2 * YY)－(j * XX, Y(i)
       * x3 * YY ＋ x2 * YY), vbGreen
     j=j ＋ 1
   Next i
  End If
End Sub
```

注:以下示例程序为 visual c++编写

波形输出窗口示例程序:

注:以下示例程序为 visual c++编写

```
void CADMoterDlg::OnPaint()
```

```
{
 CClientDC ClientDC(this);
 ClientDC.SetMapMode(MM_TEXT);//度量单位改为 0.01 英寸
 //——————————————画示波器背景——————————————
 if(0==m_nCount)
   m_bDraw=true;
 if(m_bDraw)
 {
   CRect rect(m_nIniX,m_nIniY,m_nIniX+m_nWith,m_nIniY+m_nHight);
   CPen * pNewPen, * pOldPen;
   //————————————draw background with black color————————
   CBrush  * pNewBrush=new  CBrush;
   pNewBrush->CreateSolidBrush(RGB(54,54,54));
   ClientDC.FillRect(rect,pNewBrush);
   delete pNewBrush;
   //——————————draw grid with green color———————————————
   pNewPen=new  CPen;
   pNewPen->CreatePen(PS_SOLID,1,RGB(91,189,43)); //PS_DOT
   pOldPen=ClientDC.SelectObject(pNewPen);
   int ngap=m_nHight/8;
   for(int i=1;i<8;i++)
   {
     ClientDC.MoveTo(m_nIniX,m_nIniY+ngap * i);
     ClientDC.LineTo(m_nIniX+m_nWith,m_nIniY+ngap * i);
   }
   ngap=m_nWith/32;
   for(i=1;i<32;i++)
   {
     ClientDC.MoveTo(m_nIniX+ngap * i,m_nIniY);
     ClientDC.LineTo(m_nIniX+ngap * i,m_nIniY+m_nHight);
   }
   ClientDC.TextOut(m_nIniX-15,m_nIniY+m_nHight,"0");
   ClientDC.SelectObject(pOldPen);
   delete pNewPen;

   //—————————draw expectation line with red color—————————
   pNewPen=new  CPen;
   pNewPen->CreatePen(PS_SOLID,1,RGB(223,53,57)); //PS_DOT
   pOldPen=ClientDC.SelectObject(pNewPen);
   int y;
```

```
y=m_nIniY+m_nHight-(m_nEXSpeed%RATIATE)*m_nHight/(RATIATE);
    ClientDC.MoveTo(m_nIniX,y);
    ClientDC.LineTo(m_nIniX+m_nWith,y);

    ClientDC.MoveTo(m_nIniX+20,m_nIniY+m_nHight+10);
    ClientDC.LineTo(m_nIniX+50,m_nIniY+m_nHight+10);
    ClientDC.TextOut(m_nIniX+55,m_nIniY+m_nHight+10,"期望值曲线");

    ClientDC.SelectObject(pOldPen);
    delete   pNewPen;
  }

  //----------------画波形图--------------------
  CPen   *pNewPen,*pOldPen;
  pNewPen=new   CPen;
  pNewPen->CreatePen(PS_SOLID,1,RGB(252,245,76));
  pOldPen=ClientDC.SelectObject(pNewPen);
  int x=m_nIniX,y;
  for(int i=1;i<(m_nCount);i++)
  {
  y=m_nIniY+m_nHight-(m_aData[i-1]%RATIATE)*m_nHight/(RATIATE);
    ClientDC.MoveTo(x++,y);
  y=m_nIniY+m_nHight-(m_aData[i]%RATIATE)*m_nHight/(RATIATE);
    ClientDC.LineTo(x,y);

  }
  ClientDC.MoveTo(m_nIniX+135,m_nIniY+m_nHight+10);
  ClientDC.LineTo(m_nIniX+165,m_nIniY+m_nHight+10);
  ClientDC.TextOut(m_nIniX+170,m_nIniY+m_nHight+10,"速度曲线");
  delete pNewPen;

  pNewPen=new   CPen;
  pNewPen->CreatePen(PS_SOLID,1,RGB(197,124,172));
  ClientDC.SelectObject(pNewPen);
  x=m_nIniX;
  for(i=1;i<(m_nCount);i++)
  {
  y=m_nIniY+m_nHight-(m_aVoltage[i-1]%RATIATE)*m_nHight/(RATI-
  ATE);
    ClientDC.MoveTo(x++,y);
```

```
y=m_nIniY+m_nHight-(m_aVoltage[i]%RATIATE)*m_nHight/(RATIATE);
   ClientDC.LineTo(x,y);

 }
ClientDC.MoveTo(m_nIniX+235,m_nIniY+m_nHight+10);
ClientDC.LineTo(m_nIniX+265,m_nIniY+m_nHight+10);
ClientDC.TextOut(m_nIniX+270,m_nIniY+m_nHight+10,"电压曲线");

ClientDC.SelectObject(pOldPen);
delete pNewPen;
m_bDraw=true;

//if(m_nCount==m_nSample)
//KillTimer(1);

if (IsIconic())
{
   CPaintDC dc(this); // device context for painting

   SendMessage(WM_ICONERASEBKGND, (WPARAM) dc.GetSafeHdc(), 0);

   // Center icon in client rectangle
   int cxIcon=GetSystemMetrics(SM_CXICON);
   int cyIcon=GetSystemMetrics(SM_CYICON);
   CRect rect;
   GetClientRect(&rect);
   int x=(rect.Width()-cxIcon + 1) / 2;
   int y=(rect.Height()-cyIcon + 1) / 2;

   // Draw the icon
   dc.DrawIcon(x, y, m_hIcon);
}
else
{
   CDialog::OnPaint();
}
}
```

直流电机控制：

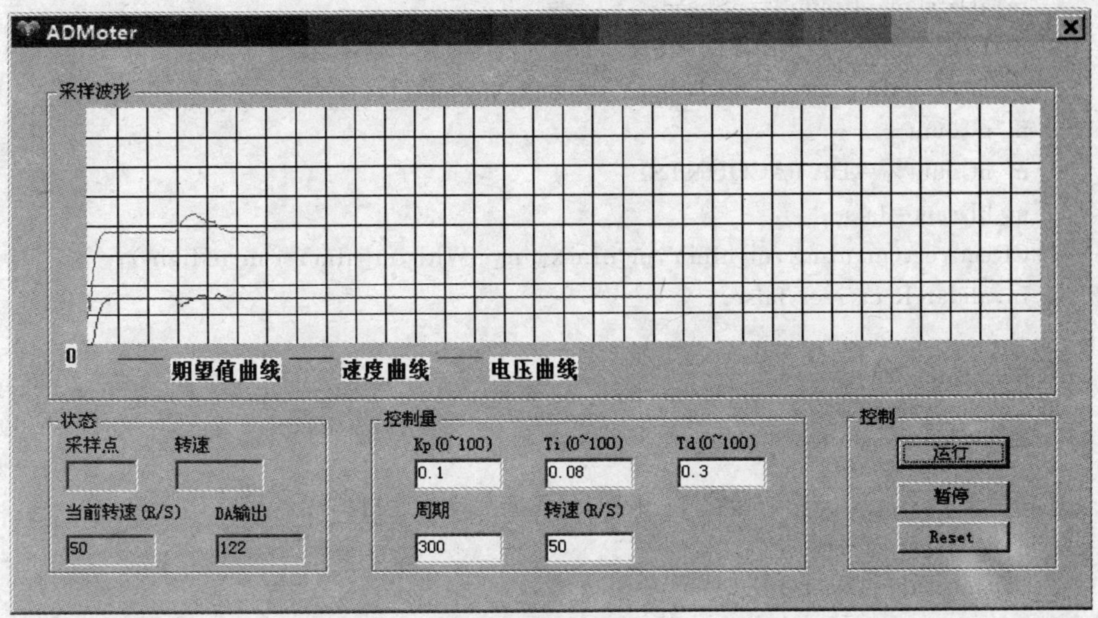

直流电机控制界面示例

控制的周期为 Timer 控件的周期加上通讯时间。

示例程序：

注：以下示例程序为 visual c++编写

```
void CADMoterDlg::OnTimer(UINT nIDEvent)
{
    // TODO: Add your message handler code here and/or call default
    int nCount,nSpeed;
    //IntiT0();

    double deviation;//两次输出的差值
    double time=(double)m_nTime/1000;
    nCount=GetT0();
    nSpeed=(int)(nCount/time/PULSE);
    m_dE1=m_dE2;                    //前一次误差
    m_dE2=m_dE3;                    //上次误差
    m_dE3=m_nEXSpeed-nSpeed; //当前误差
    deviation=((m_dE3-m_dE2)+m_fTd*(m_dE3-2*m_dE2+m_dE1)/time+m_
    dE3*time/m_fTi)*m_fKp;
    m_dUk+=deviation;
    m_dUk=m_dUk<255? m_dUk:255;
    m_dUk=m_dUk>0? m_dUk:0;
    m_aVoltage[m_nCount]=(int)(m_dUk+0.5);
    OutputDA(0,m_aVoltage[m_nCount]);
```

```
    m_aData[m_nCount]=nSpeed;
    SetDlgItemInt(IDC_EDIT6,nSpeed);
    SetDlgItemInt(IDC_EDIT9,m_aVoltage[m_nCount]);
    m_nCount++;
    m_nCount%=DATACOUNTS;
    m_bDraw=false;
    CRect rect(m_nIniX,m_nIniY,m_nIniX+m_nWith,m_nIniY+m_nHight);
    InvalidateRect(rect,false);

    if(! IntiT0())
    {
      KillTimer(1);
      AfxMessageBox("初始化 T0 失败,请重新启动程序!!!");
    }
    CDialog::OnTimer(nIDEvent);
}
```

PID 控制示例程序

控制的周期为 Timer 控件的周期加上通讯时间。

注:以下示例程序为 visual c++编写

```
void CPIDControlDlg::OnTimer(UINT nIDEvent)
{
    // TODO: Add your message handler code here and/or call default
    if(UpdateData())
    {
      //static int e1=0,e2=0,e3=0;
      //static double Uk=0;//输出值
      double deviation;//两次输出的差值
      double time=(double)m_nTime/1000;
      ACT_AD Sample;
      Sample=GetAD(0,255);
      m_dE1=m_dE2;                    //前一次误差
      m_dE2=m_dE3;                    //上次误差
      m_dE3=RS-Sample.iBuff[0];   //当前误差
    deviation=((m_dE3-m_dE2)+m_fTd*(m_dE3-2*m_dE2+m_dE1)/time+(m_
    dE3<=m_fGap? 1:0)*m_dE3*time/m_nTi)*m_fKp;
      m_dUk+=deviation;
      m_dUk=m_dUk<255? m_dUk:255;
      m_dUk=m_dUk>0? m_dUk:0;
      OutputDA(0,(int)(m_dUk+0.5));
      m_aData[m_nCount%DATACOUNTS]=Sample.iBuff[0];
```

```
    SetDlgItemInt(IDC_EDIT8,Sample.iBuff[0]);
    SetDlgItemInt(IDC_EDIT9,(int)(m_dUk+0.5));
    //SetDlgItemInt(IDC_EDIT11,deviation);
    m_nCount++;
    m_bDraw=false;
    CRect rect(m_nIniX,m_nIniY,m_nIniX+m_nWith,m_nIniY+m_nHight);
    InvalidateRect(rect,false);
  }

 CDialog::OnTimer(nIDEvent);
}
```

初始化 ACT_Link.dll

由 ACT_Link.h 完成

```
HINSTANCE hmodle=LoadLibrary("ACT_Link.dll");

struct ACT_AD
{
  int iPortNum;
  int iGetCount;
  int iBuff[510];
};

typedef int (__stdcall * OUTPUTDA)(int x,int y);
typedef void (__stdcall * CLOSE)();
typedef int (__stdcall * INTICOMM)(int x);
typedef ACT_AD (__stdcall * GETAD)(int x,int y);
typedef int (__stdcall * OUTPUTP1)(int x);
typedef int (__stdcall * INTIT0)();
typedef int (__stdcall * CLOSET0)();
typedef int (__stdcall * GETT0)();

CLOSE CloseComm=(CLOSE)GetProcAddress(hmodle,"CloseComm");
OUTPUTDA OutputDA=(OUTPUTDA)GetProcAddress(hmodle,"OutputDA");
GETAD GetAD=(GETAD)GetProcAddress(hmodle,"GetAD");
INTICOMM IntiComm=(INTICOMM)GetProcAddress(hmodle,"IntiComm");
OUTPUTP1 OutPutP1=(OUTPUTP1)GetProcAddress(hmodle,"OutPutP1");
INTIT0 IntiT0=(INTIT0)GetProcAddress(hmodle,"IntiT0");
CLOSET0 CloseT0=(CLOSET0)GetProcAddress(hmodle,"CloseT0");
GETT0 GetT0=(GETT0)GetProcAddress(hmodle,"GetT0");
```

PWM 温度控制例子程序：

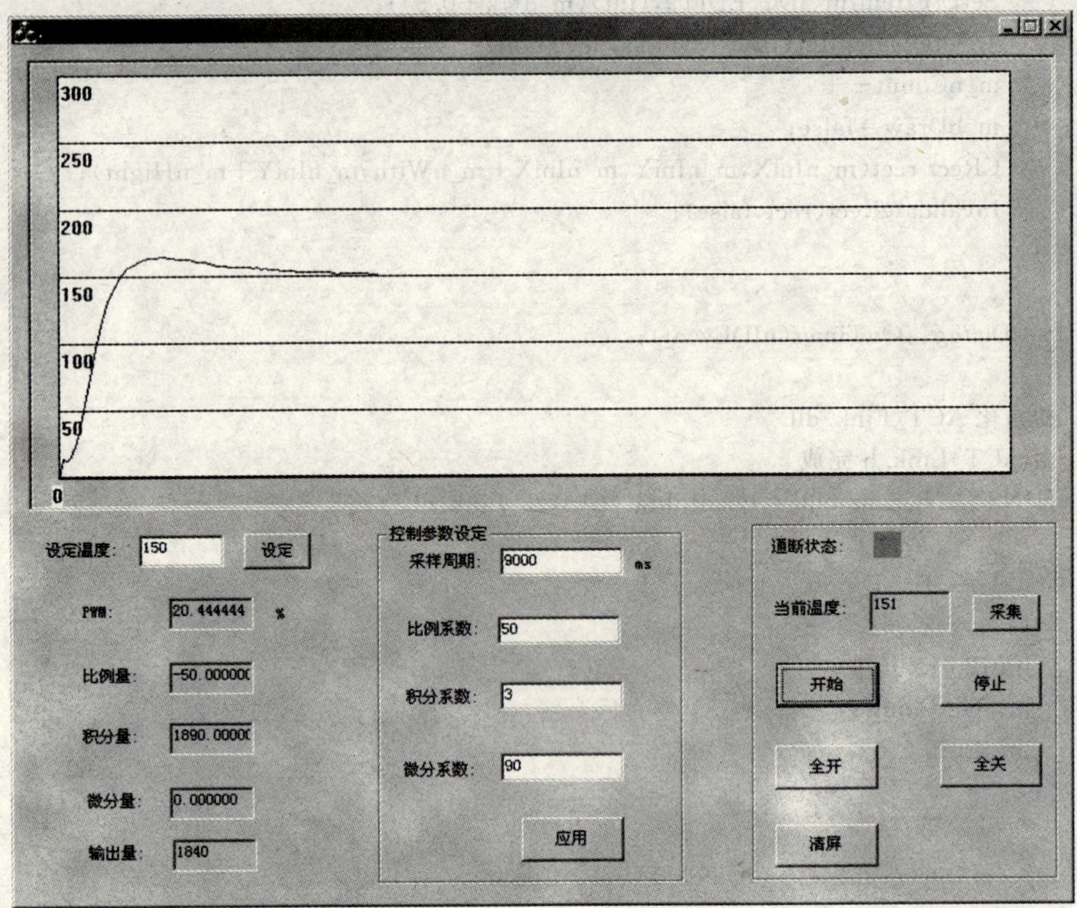


```
//温度 Dlg. cpp:implementation file
//

#include "stdafx. h"
#include "温度. h"
#include "温度 Dlg. h"
#include "ACT_Link. h"

#ifdef _DEBUG
#define new DEBUG_NEW
#undef THIS_FILE
static char THIS_FILE[]=__FILE__;
#endif

#define X_ZERO 20
#define Y_ZERO 310
```

```
#define X_MAX 720
#define Y_MAX 10

/////////////////////////////////////////////////////////////////////////////
//CAboutDlg dialog used for App About

class CAboutDlg:public CDialog
{
public:
    CAboutDlg();

//Dialog Data
    //{{AFX_DATA(CAboutDlg)
    enum { IDD=IDD_ABOUTBOX };
    //}}AFX_DATA

    //ClassWizard generated virtual function overrides
    //{{AFX_VIRTUAL(CAboutDlg)
    protected:
    virtual void DoDataExchange(CDataExchange* pDX);   //DDX/DDV support
    //}}AFX_VIRTUAL

//Implementation
protected:
    //{{AFX_MSG(CAboutDlg)
    //}}AFX_MSG
    DECLARE_MESSAGE_MAP()
};

CAboutDlg::CAboutDlg():CDialog(CAboutDlg::IDD)
{
    //{{AFX_DATA_INIT(CAboutDlg)
    //}}AFX_DATA_INIT
}

void CAboutDlg::DoDataExchange(CDataExchange* pDX)
{
    CDialog::DoDataExchange(pDX);
    //{{AFX_DATA_MAP(CAboutDlg)
    //}}AFX_DATA_MAP
```

```
}

BEGIN_MESSAGE_MAP(CAboutDlg,CDialog)
  //{{AFX_MSG_MAP(CAboutDlg)
    //No message handlers
  //}}AFX_MSG_MAP
END_MESSAGE_MAP()

/////////////////////////////////////////////////////////////////////////////
//CMyDlg dialog

CMyDlg::CMyDlg(CWnd* pParent /*=NULL*/)
  :CDialog(CMyDlg::IDD,pParent)
{
  //{{AFX_DATA_INIT(CMyDlg)
  m_goal=0;
  m_proportion=0.0;
  m_diffenential=0.0;
  m_integral=0.0;
  m_time=0;
  //}}AFX_DATA_INIT
  //Note that LoadIcon does not require a subsequent DestroyIcon in Win32
  m_hIcon=AfxGetApp()->LoadIcon(IDR_MAINFRAME);
}

void CMyDlg::DoDataExchange(CDataExchange* pDX)
{
  CDialog::DoDataExchange(pDX);
  //{{AFX_DATA_MAP(CMyDlg)
  DDX_Control(pDX,IDC_STATUS,m_status);
  DDX_Text(pDX,IDC_EDIT_GOAL,m_goal);
  DDX_Text(pDX,IDC_PROPORTION,m_proportion);
  DDX_Text(pDX,IDC_DIFFENENTIAL,m_diffenential);
  DDX_Text(pDX,IDC_INTEGRAL,m_integral);
  DDX_Text(pDX,IDC_GET_TIME,m_time);
  //}}AFX_DATA_MAP
}

BEGIN_MESSAGE_MAP(CMyDlg,CDialog)
  //{{AFX_MSG_MAP(CMyDlg)
```

```
  ON_WM_SYSCOMMAND()
  ON_WM_PAINT()
  ON_WM_QUERYDRAGICON()
  ON_BN_CLICKED(IDC_BTN_START,OnBtnStart)
  ON_BN_CLICKED(IDC_BTN_STOP,OnBtnStop)
  ON_BN_CLICKED(IDC_ALL_OPEN,OnAllOpen)
  ON_BN_CLICKED(IDC_ALL_CLOSE,OnAllClose)
  ON_BN_CLICKED(IDC_BTN_CLEAR,OnBtnClear)
  ON_BN_CLICKED(IDC_BTN_LOOK,OnBtnLook)
  ON_BN_CLICKED(IDC_BTN_SET,OnBtnSet)
  ON_BN_CLICKED(IDC_BUTTON_SET,OnButtonSet)
  //}}AFX_MSG_MAP
END_MESSAGE_MAP()

/////////////////////////////////////////////////////////////////////////////
//CMyDlg message handlers

BOOL CMyDlg::OnInitDialog()
{
  CDialog::OnInitDialog();

  //Add "About..." menu item to system menu.

  //IDM_ABOUTBOX must be in the system command range.
  ASSERT((IDM_ABOUTBOX & 0xFFF0)==IDM_ABOUTBOX);
  ASSERT(IDM_ABOUTBOX<0xF000);

  CMenu * pSysMenu=GetSystemMenu(FALSE);
  if (pSysMenu != NULL)
  {
    CString strAboutMenu;
    strAboutMenu.LoadString(IDS_ABOUTBOX);
    if (! strAboutMenu.IsEmpty())
    {
      pSysMenu->AppendMenu(MF_SEPARATOR);
      pSysMenu->AppendMenu(MF_STRING,IDM_ABOUTBOX,strAboutMenu);
    }
  }

  //Set the icon for this dialog. The framework does this automatically
```

```
    //when the application's main window is not a dialog
    SetIcon(m_hIcon,TRUE);          //Set big icon
    SetIcon(m_hIcon,FALSE);          //Set small icon

    //TODO:Add extra initialization here
    if(! IntiComm(1))
    {
      AfxMessageBox("打开串口失败!");
    }

    return TRUE;   //return TRUE   unless you set the focus to a control
}

void CMyDlg::OnSysCommand(UINT nID,LPARAM lParam)
{
    if ((nID & 0xFFF0)==IDM_ABOUTBOX)
    {
      CAboutDlg dlgAbout;
      dlgAbout.DoModal();
    }
    else
    {
      CDialog::OnSysCommand(nID,lParam);
    }
}

//If you add a minimize button to your dialog,you will need the code below
//to draw the icon. For MFC applications using the document/view model,
//this is automatically done for you by the framework.

void CMyDlg::OnPaint()
{
    if (IsIconic())
    {
      CPaintDC dc(this); //device context for painting

      SendMessage(WM_ICONERASEBKGND,(WPARAM) dc.GetSafeHdc(),0);

      //Center icon in client rectangle
      int cxIcon=GetSystemMetrics(SM_CXICON);
```

```
        int cyIcon=GetSystemMetrics(SM_CYICON);
        CRect rect;
        GetClientRect(&rect);
        int x=(rect.Width() - cxIcon+1) / 2;
        int y=(rect.Height() - cyIcon+1) / 2;

        //Draw the icon
        dc.DrawIcon(x,y,m_hIcon);
    }
    else
    {
        PaintBackGround();

        if (index>0)
        {
            PaintData();
        }

        CDialog::OnPaint();
    }
}

//The system calls this to obtain the cursor to display while the user drags
//the minimized window.
HCURSOR CMyDlg::OnQueryDragIcon()
{
    return (HCURSOR) m_hIcon;
}

void CMyDlg::OnBtnStart()
{
    //TODO:Add your control notification handler code here
    lastx=X_ZERO;
    lasty=Y_ZERO;

    m_start=true;
    m_xtime=0;
    index=0;

    m_ControlThread = CreateThread(NULL, NULL, ControlProc, this, 0, &m_Con-
```

```
trolThreadID);

  }

  DWORD CMyDlg::ReadProc(LPVOID lpvoid)
  {
    CMyDlg * pDlg=(CMyDlg * )lpvoid;

    ACT_AD dateAd;//=GetAD(0,1);//A/D 转换;

    char tempChar[100];

    while(true)
    {
      Sleep(1000);

      dateAd=GetAD(0,1);//A/D 转换;

      sprintf(tempChar,"%d",dateAd.iBuff[0]);
      pDlg->GetDlgItem(IDC_EDIT)->SetWindowText(tempChar);

      pDlg->PaintTempture(dateAd.iBuff[0]);
    }
    //pDlg->m_da=outputData;

    return 0;
  }

  void CMyDlg::OnBtnStop()
  {
    //TODO:Add your control notification handler code here
    if (m_ReadThread != NULL)
    {
      TerminateThread(m_ReadThread,0);
    }

    m_ReadThread=NULL;

    if (m_ControlThread != NULL)
    {
```

```
    TerminateThread(m_ControlThread,0);
  }

  m_ControlThread=NULL;

}

void CMyDlg::OnAllOpen()
{
  //TODO:Add your control notification handler code here
  OutPutP1(1);
}

void CMyDlg::OnAllClose()
{
  //TODO:Add your control notification handler code here
    OutPutP1(0);
}

/*控制函数*/

DWORD CMyDlg::ControlProc(LPVOID lpvoid)
{
  CMyDlg * pDlg=(CMyDlg *)lpvoid;

  int error0=0;
  int error1=0;

  float Pid_p=0.0;
  float Pid_i=0.0;
  float Pid_d=0.0;
  int iPid=0;

  //int lastOutput=0;

  float ep=0.0;
  float ed=0.0;
  float ei=0.0;

  ACT_AD dateAd;//=GetAD(0,1);//A/D 转换;
```

```
char tempChar[100];

while(true)
{
   dateAd=GetAD(0,1);      //A/D 转换;

   sprintf(tempChar,"%d",dateAd.iBuff[0]);
   pDlg->GetDlgItem(IDC_EDIT)->SetWindowText(tempChar);

   pDlg->PaintTempture(dateAd.iBuff[0]);

   error1=error0;
   error0=pDlg->m_goal - dateAd.iBuff[0];

   ep=error0;
   ei+=error0;
   ed=error0 - error1;

   Pid_p=pDlg->m_proportion * ep;
   Pid_i=pDlg->m_integral * ei;
   Pid_d=pDlg->m_diffenential * ed;

   sprintf(tempChar,"%f",Pid_p);
   pDlg->GetDlgItem(IDC_EDIT_P)->SetWindowText(tempChar);

   sprintf(tempChar,"%f",Pid_i);
   pDlg->GetDlgItem(IDC_EDIT_I)->SetWindowText(tempChar);

   sprintf(tempChar,"%f",Pid_d);
   pDlg->GetDlgItem(IDC_EDIT_D)->SetWindowText(tempChar);

   /*if (abs(pDlg->m_integral)<1e-5 || (abs(dateAd.iBuff[0] - pDlg->m_goal))>100)
   {
      iPid=(int)(pDlg->m_proportion * ep) ;
   }
   else
   {*/
      iPid=(int)(Pid_p+Pid_i+Pid_d);
   //}
```

```
        if (iPid>pDlg->m_time)
        {
          iPid=pDlg->m_time;
        }

        if (iPid<0)
        {
          iPid=0;
        }

        sprintf(tempChar,"%d",iPid);
        pDlg->GetDlgItem(IDC_EDIT_PID)->SetWindowText(tempChar);

        sprintf(tempChar,"%f",iPid*100.0/pDlg->m_time);
        pDlg->GetDlgItem(IDC_EDIT_PWM)->SetWindowText(tempChar);

        if (iPid>0)
        {
          OutPutP1(1);
          Sleep(iPid);
        }

        if (pDlg->m_time-iPid>0)
        {
          OutPutP1(0);
          Sleep(pDlg->m_time-iPid);
        }
      }

    return 0;
  }

void CMyDlg::PaintBackGround()
{

  CDC * pDC=GetDlgItem(IDC_PICTURE)->GetDC();

  //x 轴
  pDC->MoveTo(20,310);
```

```
    pDC->LineTo(720,310);

    //y 轴
    pDC->MoveTo(20,10);
    pDC->LineTo(20,310);

    //x 轴刻度
    //原点
    pDC->TextOut(15,315,"0");

    for(int iTemp=260; iTemp>=10; iTemp-=50)
    {
      pDC->MoveTo(X_ZERO,iTemp);
      pDC->LineTo(X_MAX,iTemp);

      char charTemp[10];
      sprintf(charTemp,"%d",Y_ZERO-iTemp);
      pDC->TextOut(22,iTemp+5,charTemp);

    }

    ReleaseDC(pDC);
}
/*波形绘制*/
void CMyDlg::PaintData()
{
    CDC*pDC=GetDlgItem(IDC_PICTURE)->GetDC();

    pDC->MoveTo(X_ZERO,Y_ZERO);

    for (int i=1; i<=index; i++)
    {
      pDC->LineTo(X_ZERO+i*3,Y_ZERO - data[i]);
    }

    ReleaseDC(pDC);
}

void CMyDlg::PaintTempture(int iTempture)
{
```

```
    CDC * pDC=GetDlgItem(IDC_PICTURE)->GetDC();

    m_xtime+=3;
    if (m_xtime==0)
    {
      pDC->MoveTo(X_ZERO,Y_ZERO);
      lastx=X_ZERO;
      lasty=Y_ZERO;
    }
    else
    {
      if (X_ZERO+m_xtime>X_MAX)
      {
        OnBtnClear() ;
        lastx=X_ZERO;
        m_xtime=0;
        index=0;
      }
      pDC->MoveTo(lastx,lasty);
      pDC->LineTo(X_ZERO+m_xtime,Y_ZERO-iTempture);
      lastx=X_ZERO+m_xtime;
      lasty=Y_ZERO-iTempture ;
    }

    data[++index]=iTempture;

    ReleaseDC(pDC);
}

void CMyDlg::OnBtnClear()
{
    //TODO:Add your control notification handler code here
    CDC * pDC=GetDlgItem(IDC_PICTURE)->GetDC();
    CRect rect;
    rect.left=X_ZERO;
    rect.right=X_MAX;
    rect.top=Y_MAX;
    rect.bottom=Y_ZERO;
    pDC->Rectangle(&rect);
```

```
    PaintBackGround();
}

void CMyDlg::OnBtnLook()
{
    //TODO:Add your control notification handler code here
    lastx=X_ZERO;
      lasty=Y_ZERO;

    m_start=true;
    m_xtime=0;
    index=0;

    m_ReadThread=CreateThread(NULL,NULL,ReadProc,this,0,&m_ReadThreadID);
}

void CMyDlg::OnBtnSet()
{
    //TODO:Add your control notification handler code here
    CString strTemp;
    GetDlgItem(IDC_EDIT_GOAL)->GetWindowText(strTemp);

    m_goal=atoi(strTemp);

}

void CMyDlg::OnButtonSet()
{
    //TODO:Add your control notification handler code here
    CString strTemp;

    GetDlgItem(IDC_PROPORTION)->GetWindowText(strTemp);
    m_proportion=atof(strTemp);

    GetDlgItem(IDC_INTEGRAL)->GetWindowText(strTemp);
    m_integral=atof(strTemp);

    GetDlgItem(IDC_DIFFENENTIAL)->GetWindowText(strTemp);
    m_diffenential=atof(strTemp);
```

```
    GetDlgItem(IDC_GET_TIME)->GetWindowText(strTemp);
    m_time=atoi(strTemp);
}
```

DA 电机控制例子

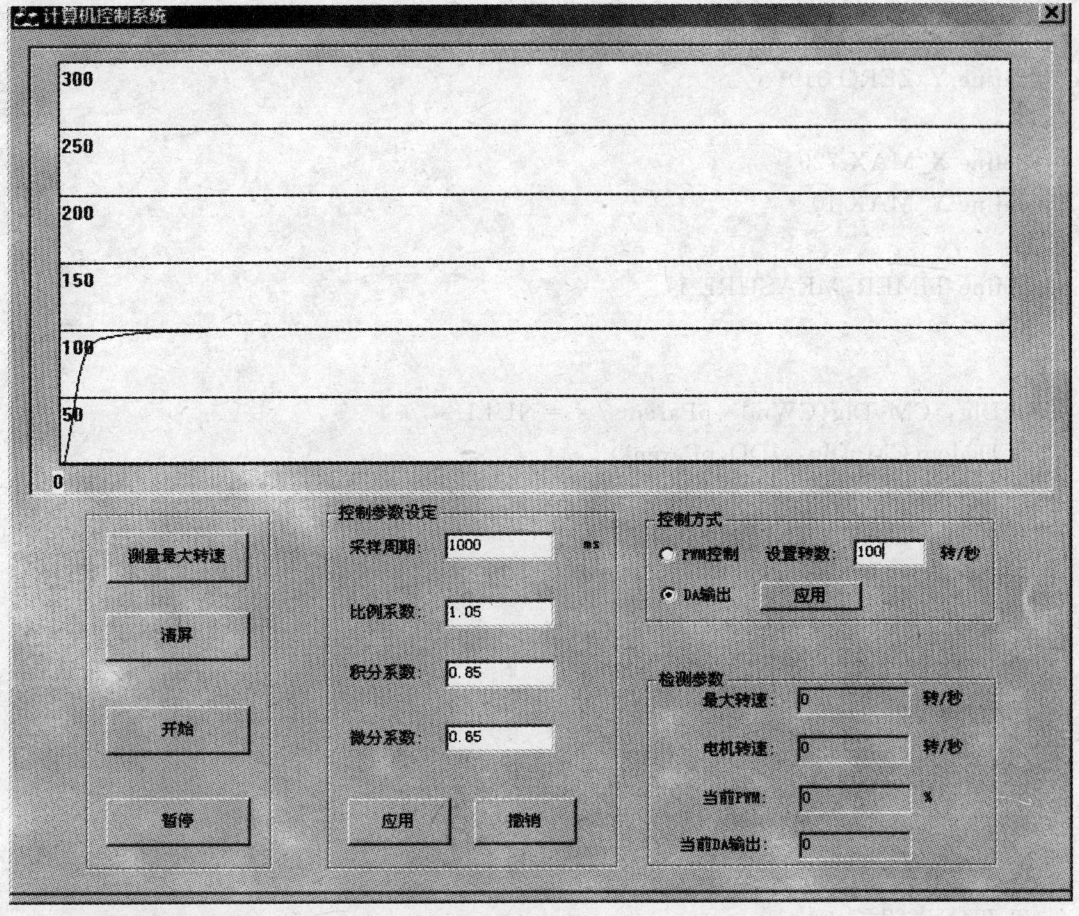


```
//计算机控制系统 Dlg.cpp:implementation file
//

#include "stdafx.h"
#include "计算机控制系统.h"
#include "计算机控制系统 Dlg.h"
#include "ACT_Link.h"

#ifdef _DEBUG
#define new DEBUG_NEW
#undef THIS_FILE
static char THIS_FILE[]=__FILE__;
#endif
```

```
///////////////////////////////////////////////////////////////////////////
//CMyDlg dialog

#define TIMER_SPEED 1

#define X_ZERO 20
#define Y_ZERO 310

#define X_MAX 720
#define Y_MAX 10

#define TIMER_MEASURE 1


CMyDlg::CMyDlg(CWnd * pParent /* =NULL */)
  :CDialog(CMyDlg::IDD,pParent)
{
  //{{AFX_DATA_INIT(CMyDlg)
  m_da=0;
  m_goal=0;
  m_pwm=0;
  m_speed=0;
  m_time=0;
  m_integral=0.0f;
  m_proportion=0.0f;
  m_diffenential=0.0f;
  m_maxspeed=0;
  //}}AFX_DATA_INIT
  //Note that LoadIcon does not require a subsequent DestroyIcon in Win32
  m_hIcon=AfxGetApp()->LoadIcon(IDR_MAINFRAME);
}

void CMyDlg::DoDataExchange(CDataExchange * pDX)
{
  CDialog::DoDataExchange(pDX);
  //{{AFX_DATA_MAP(CMyDlg)
  DDX_Text(pDX,IDC_EDIT_DA,m_da);
  DDX_Text(pDX,IDC_EDIT_GOAL,m_goal);
  DDX_Text(pDX,IDC_EDIT_PWM,m_pwm);
  DDX_Text(pDX,IDC_EDIT_SPEED,m_speed);
```

```
    DDX_Text(pDX,IDC_GET_TIME,m_time);
    DDV_MinMaxInt(pDX,m_time,50,99999);
    DDX_Text(pDX,IDC_INTEGRAL,m_integral);
    DDX_Text(pDX,IDC_PROPORTION,m_proportion);
    DDX_Text(pDX,IDC_DIFFENENTIAL,m_diffenential);
    DDX_Text(pDX,IDC_EDIT_MAXSPEED,m_maxspeed);
    //}}AFX_DATA_MAP
}

BEGIN_MESSAGE_MAP(CMyDlg,CDialog)
    //{{AFX_MSG_MAP(CMyDlg)
    ON_WM_PAINT()
    ON_WM_QUERYDRAGICON()
    ON_WM_TIMER()
    ON_BN_CLICKED(IDC_BTN_READY,OnBtnReady)
    ON_BN_CLICKED(IDC_BTN_CLEAR,OnBtnClear)
    ON_BN_CLICKED(IDC_BTN_START,OnBtnStart)
    ON_WM_CLOSE()
    ON_BN_CLICKED(IDC_BTN_STOP,OnBtnStop)
    ON_BN_CLICKED(IDC_SET_MAXSPEED,OnSetMaxspeed)
    ON_BN_CLICKED(IDC_SET_CONTROL,OnSetControl)
    ON_BN_CLICKED(IDC_BUTTON_SET,OnButtonSet)
    //}}AFX_MSG_MAP
END_MESSAGE_MAP()

///////////////////////////////////////////////////////////////////////////////
//CMyDlg message handlers

BOOL CMyDlg::OnInitDialog()
{
    CDialog::OnInitDialog();

    //Set the icon for this dialog. The framework does this automatically
    //when the application's main window is not a dialog
    SetIcon(m_hIcon,TRUE);    //Set big icon
    SetIcon(m_hIcon,FALSE);   //Set small icon

    //TODO:Add extra initialization here

    m_start=false;
```

```
char tempString[MAX_PATH]={0};
FILE * configFile;

if ( (configFile=fopen("config. txt","r")) ! =NULL)
{
    if (fgets( tempString,MAX_PATH,configFile) ! =NULL)
    {
        m_time=atoi(tempString);
    }

    if (fgets( tempString,MAX_PATH,configFile) ! =NULL)
    {
        m_proportion=atof(tempString);
    }

    if (fgets( tempString,MAX_PATH,configFile) ! =NULL)
    {
        m_integral=atof(tempString);
    }

    if (fgets( tempString,MAX_PATH,configFile) ! =NULL)
    {
        m_diffenential=atof(tempString);
    }
    fclose(configFile);

}

UpdateData(FALSE);

if(! IntiComm(1))
{
    AfxMessageBox("打开串口失败!");
}


lastx=X_ZERO;
lasty=Y_ZERO;
```

```
  index=0;
  data[0]=Y_ZERO;

  return TRUE;//return TRUE unless you set the focus to a control
}

//If you add a minimize button to your dialog,you will need the code below
//to draw the icon. For MFC applications using the document/view model,
//this is automatically done for you by the framework.

void CMyDlg::OnPaint()
{
  if (IsIconic())
  {
    CPaintDC dc(this); //device context for painting

    SendMessage(WM_ICONERASEBKGND,(WPARAM) dc.GetSafeHdc(),0);

    //Center icon in client rectangle
    int cxIcon=GetSystemMetrics(SM_CXICON);
    int cyIcon=GetSystemMetrics(SM_CYICON);
    CRect rect;
    GetClientRect(&rect);
    int x=(rect.Width() - cxIcon+1) / 2;
    int y=(rect.Height() - cyIcon+1) / 2;

    //Draw the icon
    dc.DrawIcon(x,y,m_hIcon);
  }
  else
  {
    PaintBackGround();

    if (index>0)
    {
      PaintData();
    }

    CDialog::OnPaint();
  }
```

```
}

//The system calls this to obtain the cursor to display while the user drags
//the minimized window.
HCURSOR CMyDlg::OnQueryDragIcon()
{
  return (HCURSOR) m_hIcon;
}

void CMyDlg::PaintBackGround()
{
  CDC * pDC=GetDlgItem(IDC_STATIC)->GetDC();

  //x 轴
  pDC->MoveTo(20,310);
  pDC->LineTo(720,310);

  //y 轴
  pDC->MoveTo(20,10);
  pDC->LineTo(20,310);

  //x 轴刻度
  //原点
  pDC->TextOut(15,315,"0");

  for(int iTemp=260; iTemp>=10; iTemp-=50)
  {
    pDC->MoveTo(X_ZERO,iTemp);
    pDC->LineTo(X_MAX,iTemp);

    char charTemp[10];
    sprintf(charTemp,"%d",Y_ZERO-iTemp);
    pDC->TextOut(22,iTemp+5,charTemp);

  }

  ReleaseDC(pDC);
}

void CMyDlg::OnTimer(UINT nIDEvent)
```

```
{
  //TODO:Add your message handler code here and/or call default
  int outputData=0;
  int iPid=0;
  int ei=0;
  int ep=0;
  int ed=0;
  char tempChar[100];

  if (TIMER_SPEED==nIDEvent)
  {
    //加入时间
    m_speed=1000 * GetT0()/16/(GetTickCount()-lastTime);
    sprintf(tempChar,"%d",m_speed);
    GetDlgItem(IDC_EDIT_SPEED)->SetWindowText(tempChar);

    lastTime=GetTickCount();

    if (m_speed>m_maxspeed)
      m_maxspeed=m_speed;

    sprintf(tempChar,"%d",m_maxspeed);
    GetDlgItem(IDC_EDIT_MAXSPEED)->SetWindowText(tempChar);

    IntiT0();
  }

  CDialog::OnTimer(nIDEvent);
}

void CMyDlg::OnBtnReady()
{
  //TODO:Add your control notification handler code here
  PaintBackGround();
}

void CMyDlg::OnBtnClear()
{
  //TODO:Add your control notification handler code here
  CDC * pDC=GetDlgItem(IDC_STATIC)->GetDC();
```

```
    CRect rect;
    rect.left=X_ZERO;
    rect.right=X_MAX;
    rect.top=Y_MAX;
    rect.bottom=Y_ZERO;
    pDC->Rectangle(&rect);

    PaintBackGround();

}

void CMyDlg::OnBtnStart()
{
    //TODO:Add your control notification handler code here
    lastx=X_ZERO;
      lasty=Y_ZERO;

    m_start=true;
    m_xtime=0;
    index=0;

    m_ControlThread = CreateThread(NULL, NULL, ControlProc, this, 0, &m_Con-
trolThreadID);
}

void CMyDlg::OnClose()
{
    //TODO:Add your message handler code here and/or call default
    TerminateThread(m_ReadThread,0);
    CloseComm();
    CDialog::OnClose();

}

void CMyDlg::OnBtnStop()
{
    //TODO:Add your control notification handler code here
    OutputDA(1,0);
    if (m_ReadThread ! =NULL)
    {
```

```
        TerminateThread(m_ReadThread,0);
    }

    if (m_ControlThread != NULL)
    {
        TerminateThread(m_ControlThread,0);
    }

    m_start=false;

}

void CMyDlg::OnSetMaxspeed()
{
    //TODO:Add your control notification handler code here
    lastx=X_ZERO;
    lasty=Y_ZERO;

    m_maxspeed=0;
    OutputDA(1,255);
    m_da=255;
    GetDlgItem(IDC_EDIT_DA)->SetWindowText("255");

    m_start=false;
    m_xtime=0;

    m_ReadThread=CreateThread(NULL,NULL,ReadProc,this,0,&m_ReadThreadID);

}

void CMyDlg::OnSetControl()
{
    //TODO:Add your control notification handler code here

    UpdateData(TRUE);

}

void CMyDlg::OnButtonSet()
{
```

```
    //TODO:Add your control notification handler code here
    //UpdateData(TRUE);
    CString strTemp;
    GetDlgItem(IDC_PROPORTION)->GetWindowText(strTemp);
    m_proportion=atof(strTemp);

    GetDlgItem(IDC_INTEGRAL)->GetWindowText(strTemp);
    m_integral=atof(strTemp);

    GetDlgItem(IDC_DIFFENENTIAL)->GetWindowText(strTemp);
    m_diffenential=atof(strTemp);

}

DWORD CMyDlg::ReadProc(LPVOID lpvoid)
{
    CMyDlg * pDlg=(CMyDlg * )lpvoid;

    int curCount=0;
    int interval=0;
    int curSpeed=0;
    int maxSpeed=0;
    char tempChar[100];

    DWORD nowTime=0;

    IntiT0();

    DWORD lastTime=GetTickCount();

    while(true)
    {
        Sleep(1000);

        curCount=GetT0();

        nowTime=GetTickCount();

        sprintf(tempChar,"%ld",nowTime - lastTime);
        pDlg->GetDlgItem(IDC_EDIT_PWM)->SetWindowText(tempChar);
```

```
        curSpeed=(curCount/16.0) * 1000.0/(nowTime-lastTime);
        //curSpeed=curCount/16;

        //测试//////////////////////////////////////////////
        //int itemp=rand() %100;

        //sprintf(tempChar,"%d",itemp);
        sprintf(tempChar,"%d",curSpeed);
        pDlg->GetDlgItem(IDC_EDIT_SPEED)->SetWindowText(tempChar);
        ////////////////////////////////////////

        pDlg->m_speed=curSpeed;

        if (maxSpeed<curSpeed && ! pDlg->m_start)
        {
          maxSpeed=curSpeed;
          pDlg->m_maxspeed=maxSpeed;
          sprintf(tempChar,"%d",maxSpeed);
          pDlg->GetDlgItem(IDC_EDIT_MAXSPEED)->SetWindowText(tempChar);
        }

        //pDlg->PaintSpeed(itemp);
        pDlg->PaintSpeed(curSpeed);

        IntiT0();

        lastTime=GetTickCount();
      }
      return 0;
    }

    /*控制函数*/

    DWORD CMyDlg::ControlProc(LPVOID lpvoid)
    {
      CMyDlg * pDlg=(CMyDlg *)lpvoid;
      int error0=0;
      int error1=0;
      int error2=0;
```

```
int Pid_p=0;
int Pid_i=0;
int Pid_d=0;
int iPid=0;

int ep=0;
int ed=0;
int ei=0;

char tempChar[100];
int outputData;
int lastOutput=0;

int curCount=0;
int interval=0;
int curSpeed=0;
int maxSpeed=0;

DWORD nowTime=0;

IntiT0();

DWORD lastTime=GetTickCount();

while(true)
{
  Sleep(1000);

  curCount=GetT0();

  nowTime=GetTickCount();

  //curSpeed=curCount/16;
  curSpeed=(curCount/16.0) * 1000.0/(nowTime-lastTime);

  sprintf(tempChar,"%d",curSpeed);
  pDlg->GetDlgItem(IDC_EDIT_SPEED)->SetWindowText(tempChar);

  pDlg->m_speed=curSpeed;
```

```
pDlg->PaintSpeed(curSpeed);

error2=error1;
error1=error0;
error0=pDlg->m_goal - curSpeed;

ei=error0;
ep=error0 - error1;
ed=error0 - 2 * error1+error2;

Pid_p=(int)(pDlg->m_proportion * ep);
Pid_i=(int)(pDlg->m_integral * ei);
Pid_d=(int)(pDlg->m_diffenential * ed);

if (abs(pDlg->m_integral)<1e-5 || (abs(curSpeed - pDlg->m_goal))>10)
{
  iPid=(int)(pDlg->m_proportion * ei)+lastOutput;
}
else
{
  iPid=Pid_p+Pid_i+Pid_d+lastOutput;//+ * /+;
}
//

//outputData=(pDlg->m_goal * 255)/(pDlg->m_maxspeed);

if (iPid>255)
{
  iPid=255;
}

if (iPid<0)
{
  iPid=0;
}

sprintf(tempChar,"%d",iPid);
pDlg->GetDlgItem(IDC_EDIT_PWM)->SetWindowText(tempChar);

outputData=iPid;//(pDlg->m_maxspeed);
lastOutput=iPid;
```

```
    OutputDA(1,outputData);;

    sprintf(tempChar,"%d",outputData);
    pDlg->GetDlgItem(IDC_EDIT_DA)->SetWindowText(tempChar);
    pDlg->m_da=outputData;

    IntiT0();

    lastTime=GetTickCount();
  }
  return 0;
}

void CMyDlg::PaintSpeed(int yspeed)
{
  CDC * pDC=GetDlgItem(IDC_STATIC)->GetDC();

  m_xtime+=3;
  if (m_xtime==0)
  {
    pDC->MoveTo(X_ZERO,Y_ZERO);
    lastx=X_ZERO;
    lasty=Y_ZERO;
  }
  else
  {
    if (X_ZERO+m_xtime>X_MAX)
    {
      OnBtnClear() ;
      lastx=X_ZERO;
      m_xtime=0;
      index=0;
    }
    pDC->MoveTo(lastx,lasty);
    pDC->LineTo(X_ZERO+m_xtime,Y_ZERO-yspeed);
    lastx=X_ZERO+m_xtime;
    lasty=Y_ZERO-yspeed ;
  }

  data[++index]=yspeed;
```

```
  ReleaseDC(pDC);
}

/* 波形绘制 */

void CMyDlg::PaintData()
{
  CDC * pDC=GetDlgItem(IDC_STATIC)->GetDC();

  pDC->MoveTo(X_ZERO,Y_ZERO);

  for (int i=1; i<=index; i++)
  {
    pDC->LineTo(X_ZERO+i * 3,Y_ZERO - data[i]);
  }

  ReleaseDC(pDC);
}
```

PWM 电机控制例子

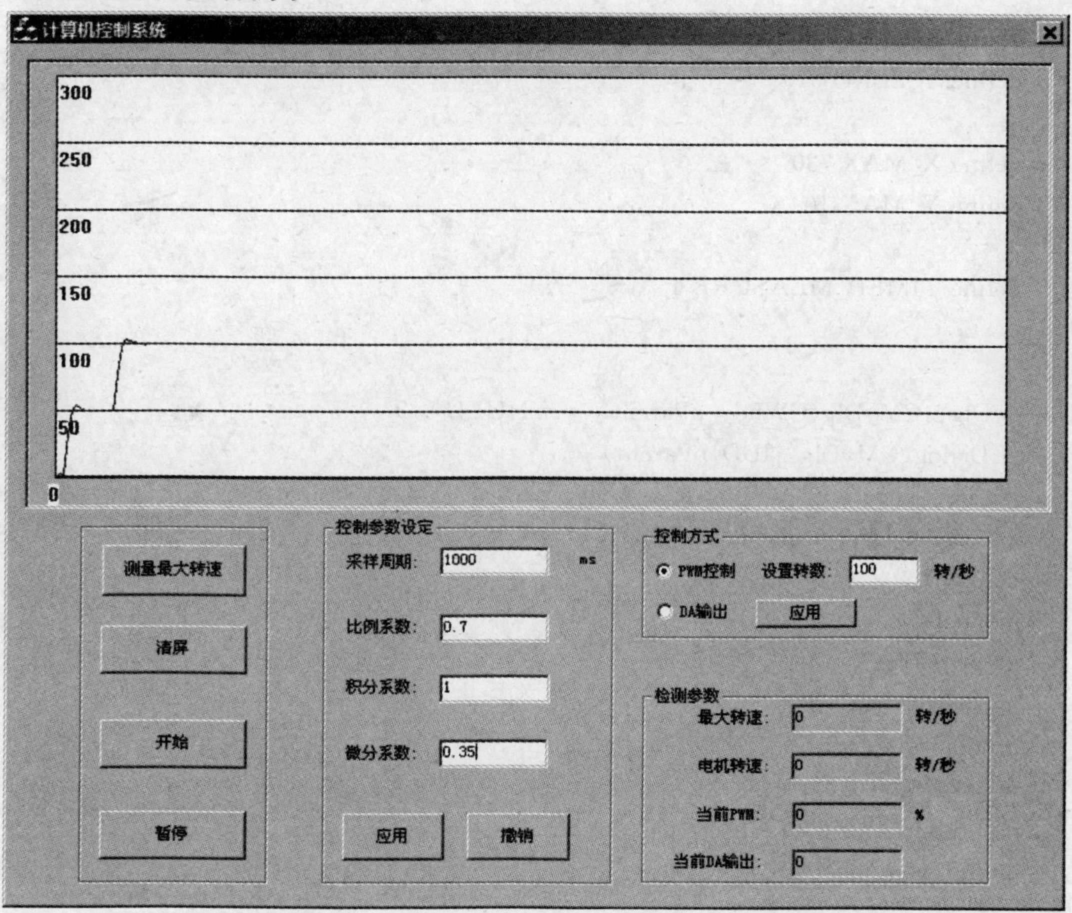

```
//计算机控制系统Dlg.cpp:implementation file
//

#include "stdafx.h"
#include "计算机控制系统.h"
#include "计算机控制系统Dlg.h"
#include "ACT_Link.h"

#ifdef _DEBUG
#define new DEBUG_NEW
#undef THIS_FILE
static char THIS_FILE[]=__FILE__;
#endif

/////////////////////////////////////////////////////////////////////////////
//CMyDlg dialog

#define TIMER_SPEED 1

#define X_ZERO 20
#define Y_ZERO 310

#define X_MAX 720
#define Y_MAX 10

#define TIMER_MEASURE 1


CMyDlg::CMyDlg(CWnd* pParent /*=NULL*/)
  :CDialog(CMyDlg::IDD,pParent)
{
  //{{AFX_DATA_INIT(CMyDlg)
  m_da=0;
  m_goal=0;
  m_pwm=0;
  m_speed=0;
  m_time=0;
  m_integral=0.0f;
  m_proportion=0.0f;
  m_diffenential=0.0f;
```

```
    m_maxspeed=0;
    //}}AFX_DATA_INIT
    //Note that LoadIcon does not require a subsequent DestroyIcon in Win32
    m_hIcon=AfxGetApp()->LoadIcon(IDR_MAINFRAME);
}

void CMyDlg::DoDataExchange(CDataExchange * pDX)
{
    CDialog::DoDataExchange(pDX);
    //{{AFX_DATA_MAP(CMyDlg)
    DDX_Text(pDX,IDC_EDIT_DA,m_da);
    DDX_Text(pDX,IDC_EDIT_GOAL,m_goal);
    DDX_Text(pDX,IDC_EDIT_PWM,m_pwm);
    DDX_Text(pDX,IDC_EDIT_SPEED,m_speed);
    DDX_Text(pDX,IDC_GET_TIME,m_time);
    DDV_MinMaxInt(pDX,m_time,50,99999);
    DDX_Text(pDX,IDC_INTEGRAL,m_integral);
    DDX_Text(pDX,IDC_PROPORTION,m_proportion);
    DDX_Text(pDX,IDC_DIFFENENTIAL,m_diffenential);
    DDX_Text(pDX,IDC_EDIT_MAXSPEED,m_maxspeed);
    //}}AFX_DATA_MAP
}

BEGIN_MESSAGE_MAP(CMyDlg,CDialog)
    //{{AFX_MSG_MAP(CMyDlg)
    ON_WM_PAINT()
    ON_WM_QUERYDRAGICON()
    ON_WM_TIMER()
    ON_BN_CLICKED(IDC_BTN_READY,OnBtnReady)
    ON_BN_CLICKED(IDC_BTN_CLEAR,OnBtnClear)
    ON_BN_CLICKED(IDC_BTN_START,OnBtnStart)
    ON_WM_CLOSE()
    ON_BN_CLICKED(IDC_BTN_STOP,OnBtnStop)
    ON_BN_CLICKED(IDC_SET_MAXSPEED,OnSetMaxspeed)
    ON_BN_CLICKED(IDC_SET_CONTROL,OnSetControl)
    ON_BN_CLICKED(IDC_BUTTON_SET,OnButtonSet)
    //}}AFX_MSG_MAP
END_MESSAGE_MAP()

/////////////////////////////////////////////////////////////////////////////
```

```
//CMyDlg message handlers

BOOL CMyDlg::OnInitDialog()
{
  CDialog::OnInitDialog();

  //Set the icon for this dialog. The framework does this automatically
  //when the application's main window is not a dialog
  SetIcon(m_hIcon,TRUE);       //Set big icon
  SetIcon(m_hIcon,FALSE);      //Set small icon

  //TODO:Add extra initialization here

  m_start=false;

  char tempString[MAX_PATH]={0};
  FILE * configFile;

  if ( (configFile=fopen("config.txt","r")) ! =NULL)
  {
    if (fgets( tempString,MAX_PATH,configFile) ! =NULL)
    {
      m_time=atoi(tempString);
    }

    if (fgets( tempString,MAX_PATH,configFile) ! =NULL)
    {
      m_proportion=atof(tempString);
    }

    if (fgets( tempString,MAX_PATH,configFile) ! =NULL)
    {
      m_integral=atof(tempString);
    }

    if (fgets( tempString,MAX_PATH,configFile) ! =NULL)
    {
      m_diffenential=atof(tempString);
    }
    fclose(configFile);
```

```
    }

    UpdateData(FALSE);

    if(! IntiComm(1))
    {
      AfxMessageBox("打开串口失败!");
    }

    lastx=X_ZERO;
    lasty=Y_ZERO;

    index=0;
    data[0]=Y_ZERO;

    return TRUE;//return TRUE unless you set the focus to a control
}

//If you add a minimize button to your dialog,you will need the code below
//to draw the icon. For MFC applications using the document/view model,
//this is automatically done for you by the framework.

void CMyDlg::OnPaint()
{
    if (IsIconic())
    {
      CPaintDC dc(this); //device context for painting

      SendMessage(WM_ICONERASEBKGND,(WPARAM) dc.GetSafeHdc(),0);

      //Center icon in client rectangle
      int cxIcon=GetSystemMetrics(SM_CXICON);
      int cyIcon=GetSystemMetrics(SM_CYICON);
      CRect rect;
      GetClientRect(&rect);
      int x=(rect.Width() - cxIcon+1) / 2;
      int y=(rect.Height() - cyIcon+1) / 2;

      //Draw the icon
```

```
        dc.DrawIcon(x,y,m_hIcon);
    }
    else
    {
        PaintBackGround();

        if (index>0)
        {
            PaintData();
        }

        CDialog::OnPaint();
    }
}

//The system calls this to obtain the cursor to display while the user drags
//the minimized window.
HCURSOR CMyDlg::OnQueryDragIcon()
{
    return (HCURSOR) m_hIcon;
}


void CMyDlg::PaintBackGround()
{
    CDC * pDC=GetDlgItem(IDC_STATIC)->GetDC();

    //x 轴
    pDC->MoveTo(20,310);
    pDC->LineTo(720,310);

    //y 轴
    pDC->MoveTo(20,10);
    pDC->LineTo(20,310);

    //x 轴刻度
    //原点
    pDC->TextOut(15,315,"0");

    for(int iTemp=260; iTemp>=10; iTemp-=50)
```

```
    {
      pDC->MoveTo(X_ZERO,iTemp);
      pDC->LineTo(X_MAX,iTemp);

      char charTemp[10];
      sprintf(charTemp,"%d",Y_ZERO-iTemp);
      pDC->TextOut(22,iTemp+5,charTemp);

    }

    ReleaseDC(pDC);
}


void CMyDlg::OnTimer(UINT nIDEvent)
{
    //TODO:Add your message handler code here and/or call default
    int outputData=0;
    int iPid=0;
    int ei=0;
    int ep=0;
    int ed=0;
    char tempChar[100];

    if (TIMER_SPEED==nIDEvent)
    {
      //加入时间
      m_speed=1000*GetT0()/16/(GetTickCount()-lastTime);
      sprintf(tempChar,"%d",m_speed);
      GetDlgItem(IDC_EDIT_SPEED)->SetWindowText(tempChar);

      lastTime=GetTickCount();

      if (m_speed>m_maxspeed)
        m_maxspeed=m_speed;

      sprintf(tempChar,"%d",m_maxspeed);
      GetDlgItem(IDC_EDIT_MAXSPEED)->SetWindowText(tempChar);

      IntiT0();
```

```
    }

    CDialog::OnTimer(nIDEvent);
}

void CMyDlg::OnBtnReady()
{
    //TODO:Add your control notification handler code here
    PaintBackGround();
}

void CMyDlg::OnBtnClear()
{
    //TODO:Add your control notification handler code here
    CDC * pDC=GetDlgItem(IDC_STATIC)->GetDC();
    CRect rect;
    rect.left=X_ZERO;
    rect.right=X_MAX;
    rect.top=Y_MAX;
    rect.bottom=Y_ZERO;
    pDC->Rectangle(&rect);

    PaintBackGround();

}

void CMyDlg::OnBtnStart()
{
    //TODO:Add your control notification handler code here
    lastx=X_ZERO;
        lasty=Y_ZERO;

    m_start=true;
    m_xtime=0;
    index=0;

    m_ControlThread = CreateThread(NULL, NULL, ControlProc, this, 0, &m_ControlThreadID);
}
```

```
void CMyDlg::OnClose()
{
  //TODO:Add your message handler code here and/or call default
  TerminateThread(m_ReadThread,0);
  CloseComm();
  CDialog::OnClose();

}

void CMyDlg::OnBtnStop()
{
  //TODO:Add your control notification handler code here
  //OutputDA(1,0);
  OutPutP1(0);
  if (m_ReadThread ! =NULL)
  {
    TerminateThread(m_ReadThread,0);
  }

  if (m_ControlThread ! =NULL)
  {
    TerminateThread(m_ControlThread,0);
  }

  m_start=false;

}

void CMyDlg::OnSetMaxspeed()
{
  //TODO:Add your control notification handler code here
  lastx=X_ZERO;
  lasty=Y_ZERO;

  m_maxspeed=0;
//OutputDA(1,255);
  OutPutP1(1);
  m_da=255;
  GetDlgItem(IDC_EDIT_DA)->SetWindowText("255");
```

```
    m_start=false;
    m_xtime=0;

    m_ReadThread=CreateThread(NULL,NULL,ReadProc,this,0,&m_ReadThreadID);

}

void CMyDlg::OnSetControl()
{
    //TODO:Add your control notification handler code here

    UpdateData(TRUE);

}

void CMyDlg::OnButtonSet()
{
    //TODO:Add your control notification handler code here
    //UpdateData(TRUE);
    CString strTemp;
    GetDlgItem(IDC_PROPORTION)->GetWindowText(strTemp);
    m_proportion=atof(strTemp);

    GetDlgItem(IDC_INTEGRAL)->GetWindowText(strTemp);
    m_integral=atof(strTemp);

    GetDlgItem(IDC_DIFFENENTIAL)->GetWindowText(strTemp);
    m_diffenential=atof(strTemp);

}

DWORD CMyDlg::ReadProc(LPVOID lpvoid)
{
    CMyDlg * pDlg=(CMyDlg * )lpvoid;

    int curCount=0;
    int interval=0;
    int curSpeed=0;
    int maxSpeed=0;
    char tempChar[100];
```

```
DWORD nowTime=0;

IntiT0();

DWORD lastTime=GetTickCount();

while(true)
{
  Sleep(500);

  curCount=GetT0();

  nowTime=GetTickCount();

  sprintf(tempChar,"%ld",nowTime - lastTime);
  pDlg->GetDlgItem(IDC_EDIT_PWM)->SetWindowText(tempChar);

  curSpeed=(curCount/16.0) * 1000.0/(nowTime-lastTime);
  //curSpeed=curCount/16;

  //测试///////////////////////////////////////////////
  //int itemp=rand() %100;

  //sprintf(tempChar,"%d",itemp);
  sprintf(tempChar,"%d",curSpeed);
  pDlg->GetDlgItem(IDC_EDIT_SPEED)->SetWindowText(tempChar);
  ////////////////////////////////////////

  pDlg->m_speed=curSpeed;

  if (maxSpeed<curSpeed && ! pDlg->m_start)
  {
    maxSpeed=curSpeed;
    pDlg->m_maxspeed=maxSpeed;
    sprintf(tempChar,"%d",maxSpeed);
     pDlg->GetDlgItem(IDC_EDIT_MAXSPEED)->SetWindowText(temp-
Char);
  }
```

```
      //pDlg->PaintSpeed(itemp);
      pDlg->PaintSpeed(curSpeed);

      IntiT0();

      lastTime=GetTickCount();
    }
    return 0;
}

/*控制函数*/

DWORD CMyDlg::ControlProc(LPVOID lpvoid)
{
    CMyDlg * pDlg=(CMyDlg *)lpvoid;
    int error0=0;
    int error1=0;
    int error2=0;

    int Pid_p=0;
    int Pid_i=0;
    int Pid_d=0;
    int iPid=0;

    int ep=0;
    int ed=0;
    int ei=0;

    char tempChar[100];
    int outputData;
    int lastOutput=0;

    int curCount=0;
    int interval=0;
    int curSpeed=0;
    int maxSpeed=0;

    DWORD nowTime=0;

    IntiT0();
```

```
DWORD lastTime=GetTickCount();

//Sleep(1000);

while(true)
{
  curCount=GetT0();

  nowTime=GetTickCount();

  //curSpeed=curCount/16;
  curSpeed=(curCount/16.0) * 1000.0/(nowTime-lastTime);

  sprintf(tempChar,"%d",nowTime-lastTime);
  pDlg->GetDlgItem(IDC_EDIT_DA)->SetWindowText(tempChar);
  pDlg->m_da=outputData;

  sprintf(tempChar,"%d",curSpeed);
  pDlg->GetDlgItem(IDC_EDIT_SPEED)->SetWindowText(tempChar);

  pDlg->m_speed=curSpeed;

  pDlg->PaintSpeed(curSpeed);

  error2=error1;
  error1=error0;
  error0=pDlg->m_goal - curSpeed;

  ei=error0;
  ep=error0 - error1;
  ed=error0 - 2 * error1+error2;

  Pid_p=(int)(pDlg->m_proportion * ep);
  Pid_i=(int)(pDlg->m_integral * ei);
  Pid_d=(int)(pDlg->m_diffenential * ed);

  if (abs(pDlg->m_integral)<1e-5 || (abs(curSpeed - pDlg->m_goal))>10)
  {
    iPid=(int)(pDlg->m_proportion * ei)+lastOutput;
```

```
}
else
{
    iPid=Pid_p+Pid_i+Pid_d+lastOutput;//+*/+;
}

//outputData=(pDlg->m_goal*255)/(pDlg->m_maxspeed);

if (iPid>500)
{
    iPid=500;
}

if (iPid<0)
{
    iPid=0;
}

//iPid=500;

sprintf(tempChar,"%d",iPid);
pDlg->GetDlgItem(IDC_EDIT_PWM)->SetWindowText(tempChar);

/*sprintf(tempChar,"%d",outputData);
pDlg->GetDlgItem(IDC_EDIT_DA)->SetWindowText(tempChar);
pDlg->m_da=outputData; */

//outputData=iPid;//(pDlg->m_maxspeed);
lastOutput=iPid;
//OutputDA(1,outputData);;
IntiT0();

lastTime=GetTickCount();

if (iPid>0)
{
    OutPutP1(1);
    Sleep(iPid);
}
```

```
    if (500-iPid>0)
    {
      OutPutP1(0);
      Sleep(500-iPid);
    }

    //IntiT0();

  }
  return 0;
}

void CMyDlg::PaintSpeed(int yspeed)
{
  CDC * pDC=GetDlgItem(IDC_STATIC)->GetDC();

  m_xtime+=3;
  if (m_xtime==0)
  {
    pDC->MoveTo(X_ZERO,Y_ZERO);
    lastx=X_ZERO;
    lasty=Y_ZERO;
  }
  else
  {
    if (X_ZERO+m_xtime>X_MAX)
    {
      OnBtnClear() ;
      lastx=X_ZERO;
      m_xtime=0;
      index=0;
    }
    pDC->MoveTo(lastx,lasty);
    pDC->LineTo(X_ZERO+m_xtime,Y_ZERO-yspeed);
    lastx=X_ZERO+m_xtime;
    lasty=Y_ZERO-yspeed ;
  }

  data[++index]=yspeed;
```

```
  ReleaseDC(pDC);
}

/*波形绘制*/

void CMyDlg::PaintData()
{
  CDC * pDC=GetDlgItem(IDC_STATIC)->GetDC();

  pDC->MoveTo(X_ZERO,Y_ZERO);

  for (int i=1; i<=index; i++)
  {
    pDC->LineTo(X_ZERO+i * 3,Y_ZERO - data[i]);
  }

  ReleaseDC(pDC);
}
```